比知识有趣的冷知识

探险笔记

锄见 编绘

广东旅游出版社
GUANGDONG TRAVEL & TOURISM PRESS

悦读书·悦旅行·悦享人生

中国·广州

图书在版编目（CIP）数据

比知识有趣的冷知识：探险笔记 / 锄见编绘 . —广州 ：广东旅游出版社，2023.3
ISBN 978-7-5570-2929-6

Ⅰ . ①比… Ⅱ . ①锄… Ⅲ . ①生物学－普及读物 Ⅳ . ① Q-49

中国国家版本馆 CIP 数据核字（2023）第 023813 号

比知识有趣的冷知识
探险笔记

BI ZHISHI YOUQU DE LENGZHISHI TANXIAN BIJI

锄见 编绘

◎出版人：刘志松　◎责任编辑：梅哲坤　◎责任技编：冼志良　◎责任校对：李瑞苑
◎总策划：俞涌　◎统筹：曹凌玲　◎策划：陈茹　◎设计：林荣辉

出版发行：广东旅游出版社
地址：广州市荔湾区沙面北街 71 号
邮编：510130
电话：020-87347732（总编室）
　　　020-87348887（销售热线）
投稿邮箱：2026542779@qq.com
企划：广州漫友文化科技发展有限公司
印刷：深圳市精彩印联合印务有限公司
地址：深圳市光明新区白花洞第一工业区精雅科技工业园
开本：787 毫米 ×1092 毫米　1/16
印张：11.875
字数：148.4 千字
版次：2023 年 3 月第 1 版
印次：2023 年 3 月第 1 次印刷
定价：58.00 元

1

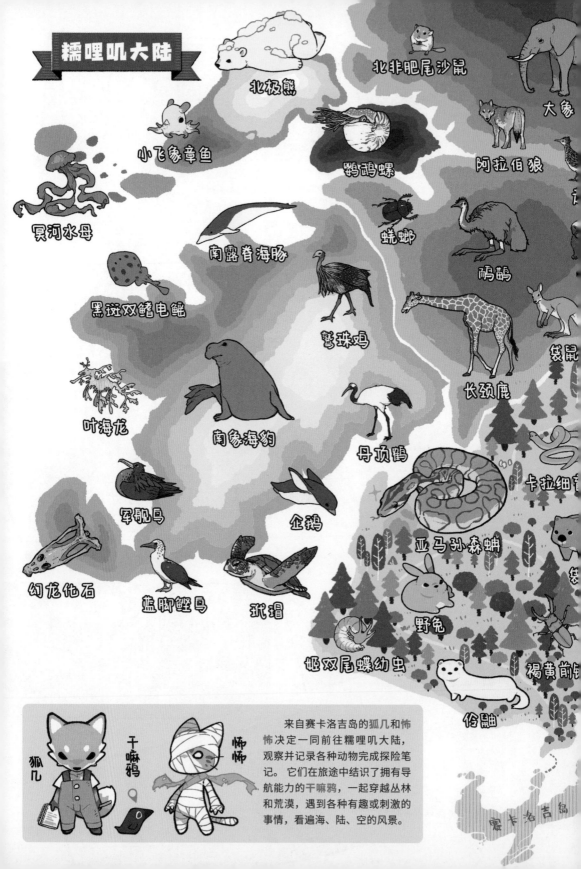

如果想了解狐几和怖怖所在的塞卡洛吉岛的故事，请看
《青少年心理学漫画·岛》《青少年心理学漫画·屿》

3

目录 CONTENTS

第一章
潜入森林看陆地动物

第二章
沿着海岸线探索

第三章
神秘的荒原之旅

目录 CONTENTS

第四章
走入绵延山川

第五章
飞向天空，跟鸟儿们肩并肩

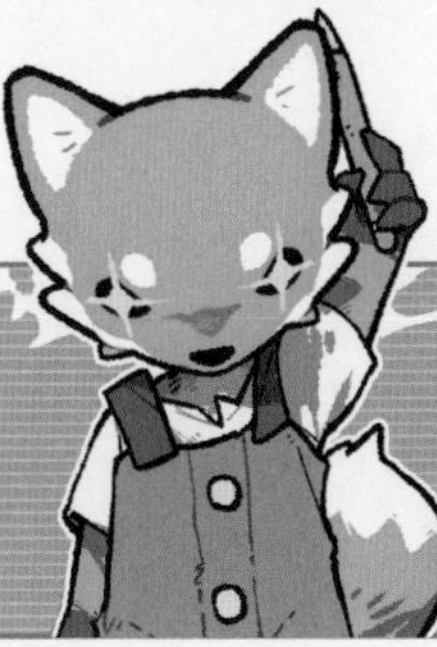

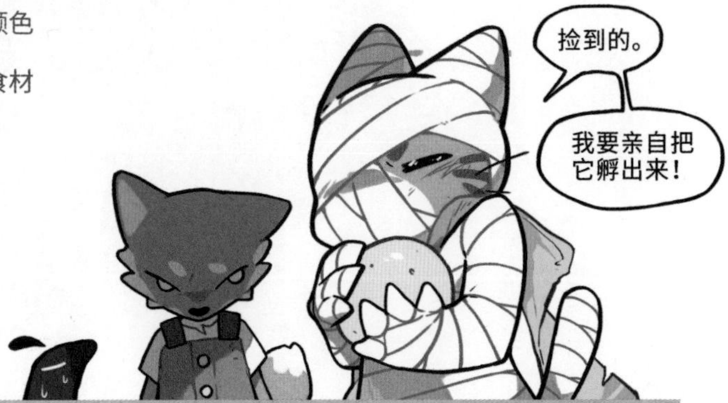

第一章
潜入森林
看陆地动物

身长约1米，体形粗壮

外表像小型熊类，但习性更接近啮齿类

尾巴极短

草食性

便便呈方形

爪子锋利有力，方便挖洞

袋熊：
野外的"臭豆腐"生产工

袋熊

分类：双门齿目，袋熊科
食性：草食性
大小：体长 70 ～ 110 厘米
分布：澳大利亚东部、南部

大多数动物的便便要么是条状，要么是类似圆形的，而我的便便是像豆腐一样的方形！很厉害吧！

袋熊的便便呈方形，原因在于它独特的肠道结构。

我有独特的肠壁！

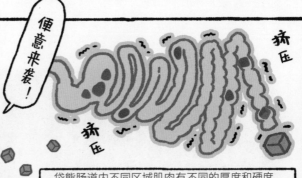

便意来袭！

挤压

挤压

袋熊肠道内不同区域肌肉有不同的厚度和硬度，当食物残渣经过肠壁较硬的区域时，容易被肠壁"捏"成方形。

那么，袋熊为什么会进化出产生方形便便的能力呢？

用力

有一种理论认为：袋熊会通过堆叠便便来跟同类交流，立方体形状方便它们将便便堆成"高塔"。

我今天的心情还不错。

还有一种理论认为：袋熊倾向往石头和原木上摆放自己的便便来划分领地，方形的便便不容易滚下去。

这是属于我的领地。

由人类圈养的袋熊，排出的便便不像野生袋熊的那么方正，因为被圈养的袋熊在饮食上能得到更多水分，而粪便水分越多则越难被"捏"成方形。

一般动物的便便

圈养袋熊的便便

野生袋熊的便便

水分越少，便便越容易"捏"成方形哦。

袋熊看起来可爱、温顺，似乎没什么攻击性，其实不然。它们逃跑的速度可达到40千米/小时，并且能维持90秒，足以把人撞飞。在澳大利亚，袋熊绰号"裂颅者"，因为它们会诱敌进入狭小洞穴，利用臀部将敌人的头颅碾碎在洞壁。

野兔生活在地面，不像家兔会挖地洞

后腿发达，靠快速奔跑来躲避危险

咕咕

跑到野外的一只家兔

耳朵比家兔的大，听觉非常灵敏

呀呀

腹部有大片白色的毛

尾巴有一块黑色斑块

野兔：
它和家兔不能"在一起"

野兔
分类：兔形目，兔科
食性：草食性
大小：体长 35 ～ 43 厘米
分布：世界各地混交林和草原地区

虽然外形差不多，但是我和家兔真的不是同一个物种啦。我们注定不能在一起的。

野兔和家兔拥有不同的祖先，染色体数量也不相同，两者存在生殖隔离。

我有 22 对染色体。

我有 24 对染色体。

所以，它们不能杂交。

对不起，我们不合适。

哦……

家兔是从穴兔驯化而来的，跟野兔没什么关系。

我也是家兔。

其他品种

钉齿兽

兔形目的祖先

野兔

穴兔

家兔

野兔通常很害羞，但会在春天变得"疯狂"。例如雄野兔会在白天互相追逐，用速度向雌野兔展示自己魅力。

好帅

展现魅力

你不够资格，滚吧！

而雌野兔如果不接受雄野兔的追求，则会"拳击"对方……

经过人类长期驯化、培育，家兔的繁殖能力增强，通常一年产 6～8 胎，每胎产崽 5～9 只。而野兔一年一般只有 1～2 胎，每胎产崽数只有 1～4 只。

独居动物，
白天觅食

冬季皮毛雪白
夏季毛色变为
褐色

吱吱

可爱与凶猛
兼具的猎手！

只有人类
巴掌大小

四肢短小，
但行动敏捷

伶鼬：
因为"换装"而总被认错

我就想问问，难道你们
换季的时候不会换衣服
吗？为什么总把我错认
成其他动物呢？

伶鼬
分类： 食肉目，鼬科
食性： 肉食性
大小： 体长 14～20 厘米
分布： 欧洲、亚洲

伶鼬的毛色在冬季和夏季是不一样的。它们在春天开始褪去冬季的白色毛，换成褐色和白色相间的毛。

现在你能理解我吧？

黄鼠狼

伶鼬因为夏季的毛色跟黄鼠狼相似，被人类错认而受到攻击。

冬季

夏季

除了伶鼬，雪狐、白靴兔和雷鸟也有按季节换装的习惯。

冬季

夏季

伶鼬主要以田鼠为食，也会捕猎鸟类、蛙类和昆虫，有时候还会捕食比自己大很多的野兔。

偶尔想吃一兔子

好痛！

扑咬

伶鼬的美食评分：

容易捕抓，好吃。
★★★★★

味道一般，不易抓。
★★☆☆☆

湿瑙瑙的，还不错。
★★★☆☆

伶鼬是地球上最小的肉食哺乳动物。一只伶鼬一年能捕食多达 3500 只田鼠。据生物学家的观察，伶鼬对田鼠的大脑"情有独钟"，往往先把脑袋吃掉，剩下其他部位不一定会吃。

真可恨。

喜欢昼伏夜出，
独来独往

滑翔时张开飞膜，
一次可滑翔一百
多米

哩嘟喂

会在高大的树上筑
巢，或选择陡峭岩
壁裂缝的石穴居住

日常行动靠攀爬
跟滑翔交替进行

粗大的尾巴大约是
身长的两倍

复齿鼯鼠：
在森林中滑翔的飞鼠

复齿鼯鼠

分类： 啮齿目，松鼠科
食性： 草食性
大小： 体长 30～34 厘米
分布： 中国特有品种，分布在中国北部和西南部

其实我真的不会飞，只会做
有限距离的滑翔而已。通常
一次滑翔的距离是从一棵树
跳到另一棵树。

前后肢之间长有飞膜，宽大且带毛，复齿鼯鼠借此实现在树木和地面之间的滑翔。

飞膜

好累。

复齿鼯鼠在日常活动中要攀爬与滑翔交替才能顺利移动。

复齿鼯鼠是松鼠家族的一个旁支，属于松鼠亚目下的鼯鼠族。

松鼠

复齿鼯鼠

当它不张开飞膜时，模样与松鼠差不多。

复齿鼯鼠有"千里觅食一处便"的习性，意思是它会坚持回到固定的地方排泄。

我一定要赶回去……

不管多远都要忍着，到家才上厕所！

复齿鼯鼠的粪便晒干后能入药，中药名称为"五灵脂"。

复齿鼯鼠排泄地点固定的习性方便人类收集"五灵脂"。

复齿鼯鼠又叫"六不像"，古人形容它们脸像狐狸，眼睛像猫，尖尖的嘴像老鼠，耳朵像兔子，爪子像鸭，尾巴像松鼠。如今复齿鼯鼠在野外不常见，是我国的重点保护动物。

"树栖猎人"，喜欢趴在树上休息或狩猎

体形较小的大型猫科动物

夜行性动物

与身体一样长的粗尾巴

云豹的犬齿长度比例在猫科动物中排名第一，可达7厘米

云豹：
隐匿在森林中的顶尖猎手

云豹

分类： 食肉目，猫科
食性： 肉食性
大小： 体长 70 ～ 110 厘米
分布： 东亚、南亚和东南亚

身上的云纹和斑点可以帮我"隐身"。当我安静地蜷伏在树枝上时，仅凭肉眼你们是很难发现我的哦！

云豹是高度树栖性动物，不过它们待在地面上的狩猎时间要比待在树上的时间更长。

休息

狩猎

发现蛋白质。

云豹擅于攀爬，四肢粗短使得整体重心低，稳定性强，长尾巴则能帮它们保持平衡。

表演项目：倒挂攀爬

才艺大赛

倒挂攀爬

动作协调分：8分
技巧难易分：9分
艺术表现分：8分
创新分：7分

8分　棒！

实力对比（注：云豹不属于豹属，属于独立的云豹属。）

猎豹	雪豹	云豹
体　形：★★★★	体　形：★★☆	体　形：★★
咬合力：★★☆	咬合力：★★★	咬合力：★★★★
战斗力：★★★	战斗力：★★★	战斗力：★★☆

云豹的叫声是典型猫科动物的声音，包括像猫咪一样的尖细咪叫声和嘶鸣声等，当它们之间进行友好的交流时也会发出低强度的哼唧声。但云豹不像老虎、狮子那样能发出咆哮声，因为它们的舌骨已经完全骨化。

喵！

胆小害羞，习惯夜晚出没

鼻吻部是突出的圆筒状，柔软、自然下垂

雌性的鼻吻会比雄性的长一点

身材滚圆、肥壮，有厚厚的皮肤

呀咻咻

尾巴很短

竹子是它的主食，它也会吃树枝和树叶

全身由黑白两色组成，也有全黑色的变种

亚洲貘：
受到惊吓就潜入水中

亚洲貘

分类：奇蹄目，貘科
食性：草食性
大小：体长 1.8～2.5 米
分布：马来半岛、苏门答腊、泰国南部、缅甸南部等

一有风吹草动，我就会迅速从水里逃出或躲进水里。那些水性不好的猛兽就抓不到我了，哈哈！

亚洲貘胆子很小，一旦感觉周边环境有危险，便会潜入水中躲起来，只露出鼻子呼吸。

希望它不会游泳……

云豹会游泳。

它喜欢在泥潭里打滚，皮肤沾满泥水令蚊虫无处下嘴叮咬。

翻滚

翻滚

沾在身上的泥水还有防晒作用。

亚洲貘的屁股要保持湿润，才能顺利排泄。

否则可能会便秘。

与亚洲貘亲缘关系近的动物是犀牛。

亚洲貘的嗅觉非常灵敏，它能捕捉到森林里细微的气味，所以能发现哪里有好吃的，也能发现哪里有危险。比如闻到大型猎食动物的气息，它会及时躲藏或逃跑。

厉害！

通常在夜间活动,
偶尔会晒太阳

可吞下比自己
大的猎物

喜欢水,
喜欢游泳

身上有独特的
汗腺, 能散发
恶臭

一只倒霉
的家兔

眼睛旁有
热敏器官

呲 呲

亚马孙森蚺:
现存体形最大的蛇

亚马孙森蚺
分类: 有鳞目, 蚺科
食性: 肉食性
大小: 体长 4～6 米
分布: 南美洲

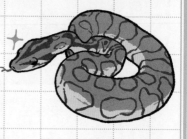

地球上或许还有比我更
长的蛇类, 但是在体形
上我依然拥有无可撼动
的地位哦。

观察员: 狐几

亚马孙森蚺作为世界上体形最大、最重的蛇，通常可以达到 5 米长。

→ 幼年黄金蟒

目前已发现最大的亚马孙森蚺体长 10 米左右，重量达 225 千克。

虽然亚马孙森蚺和蟒蛇都是有名的大蛇，但两者不同，主要区别是成年后的体形差异以及不同的生殖方式。

成年后通常长 4~6 米

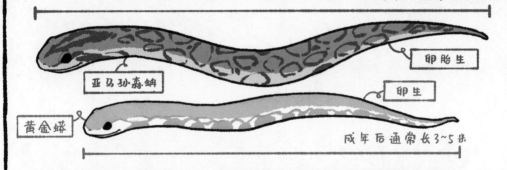

亚马孙森蚺
卵胎生
卵生
黄金蟒

成年后通常长 3~5 米

卵胎生是指受精卵留在母体内，依靠卵黄的营养发育成新个体后才从母体生产出来的生殖方式。

这些动物也是卵胎生

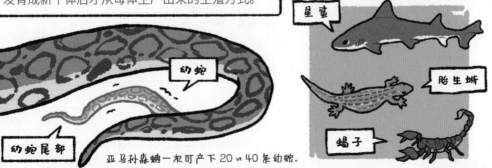

幼蛇
幼蛇尾部

亚马孙森蚺一次可产下 20 ~ 40 条幼蛇。

星鲨
胎生蜥
蝎子

亚马孙森蚺的体形已经很大了，但在地球上曾经有比它大得多的蛇类，那就是泰坦巨蟒。根据化石研究可知，泰坦巨蟒平均体长 12 米，体重超过 1 吨！它们大约在 5800 万年前灭绝。

长得像有光泽的蚯蚓,
多是棕色或粉红色

通常无毒

双眼退化成两个
黑点, 几乎没有
视力

主要的食物是
白蚁和蚁卵

擅长挖洞, 栖息在
松软的泥土下

卡拉细盲蛇:
已发现体形最小的蛇

卡拉细盲蛇
分类: 有鳞目, 细盲蛇科
食性: 肉食性
大小: 体长约10厘米
分布: 巴巴多斯岛

我明明已经这么细小, 而
且还长得像蚯蚓, 没想到
依然被人类发现了啊!

成年的卡拉细盲蛇的长度只有 10 厘米，像一根意大利面条。

你觉得我会好吃吗？

你好。

不仅外表像蚯蚓，它的生活习性也跟蚯蚓相似，栖息在松软的泥土之中。

由于长期生活在地下，它的眼睛已经退化成两个黑点，几乎没有视力。

上颌的牙齿已经退化、消失。

下颌有一排牙。

牙齿用于捕食白蚁和蚁卵。

有意思的是，作为蛇的基本特征，卡拉细盲蛇的蛇芯子保留下来了。

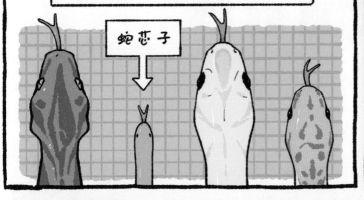

蛇芯子

由于体形太小了，它每次怀孕只能够孕育一枚蛇卵。

独生子女。

如果卡拉细盲蛇被抓起来了，它会扭来扭去，显得十分不安，并且会尝试以尾巴末端戳向对方。但这样是没有攻击性的，它只是为了转移对方的注意力，借机脱身而已。

箭毒蛙科中的大部分蛙拥有鲜艳多彩的肤色

喷喷

生活在热带雨林, 但不在水中产卵

嘴巴有不规则黑纹

除了人类, 它几乎没有别的天敌

身躯是柠檬黄色, 眼睛和趾是黑色的

黄金箭毒蛙: 世界上毒性最强的物种

黄金箭毒蛙

分类: 无尾目, 箭毒蛙科
食性: 肉食性
大小: 体长4～6厘米
分布: 巴西、智利等国的热带雨林

我身上的毒素, 对许多动物都很危险。

黄金箭毒蛙的皮肤上长有许多能分泌毒液的腺体，如果人手上有伤口并且接触到黄金箭毒蛙就可能会中毒。

黏黏的

黑色嘴纹

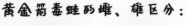
黄金箭毒蛙的雌、雄区分：

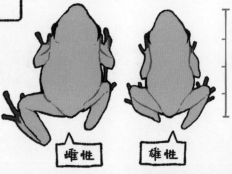

雌性　　　雄性

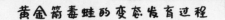
黄金箭毒蛙的变态发育过程

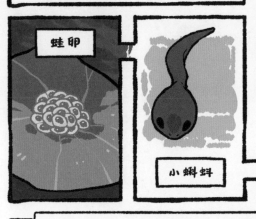

蛙卵

小蝌蚪

带尾的幼蛙

发育成熟

黄金箭毒蛙的育幼行为很特殊，由雄性照顾后代。卵发育成蝌蚪后，雄性黄金箭毒蛙会背着蝌蚪，将它们分别安置到有适量积水的地方。

我们又要搬家了吗？

水
!!

由于黄金箭毒蛙蝌蚪是肉食性的，放在一起会互相吞食，所以需要单独安置。

印第安人很早就利用黄金箭毒蛙的毒素来捕猎。用针把蛙刺死后，他们用火烤的方式使毒液从腺体中渗出，然后涂抹在箭头上射击、捕杀猛兽。

长脖子是强壮的
象征, 脖子越长
越容易吸引异性

嘴巴擅长撕咬,
但是它只喜欢
吃树叶

性格温顺,
无毒性

鲜红色的甲壳,
能飞

钩子般细长的腿
能攀爬各种叶子

长颈象鼻虫:
昆虫界的长颈鹿

长颈象鼻虫
分类: 有翅亚纲, 鞘翅目
食性: 草食性
大小: 体长 0.6 ~ 2.4 厘米
分布: 马达加斯岛, 中国部分地区

说我长得像长颈鹿就
算了, 说我长得像挖
掘机, 你礼貌吗?

雄性长颈象鼻虫的脖子是虫身的几倍长，
雌虫的外形更像普通甲虫。

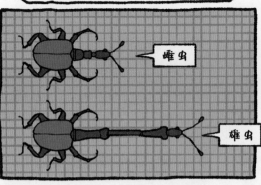

雄虫脖子的长度是雌虫的2~3倍。

雌虫

雄虫

男子汉就是要
拥有长脖子！

繁殖期时，为了争夺伴侣，雄虫会
使用长脖子展开激烈的争斗！

决斗吧！

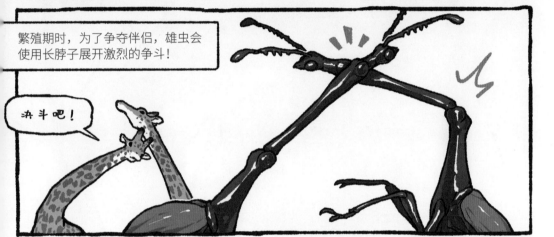

雌虫会把叶子卷起来制作"产房"。

卷起一角

产卵

继续卷叶子

制作完成

长长的脖子对长颈象鼻虫来说还有许多独特的作用：它们的种群习性包括建造
巢穴，长脖子不仅能帮助它们更容易发现筑巢的材料，还能帮助它们建造。

姬双尾蝶的幼虫形态

全身长满细小枝刺，但刺没有毒

头部长有四个突棘，有点像龙角，所以叫"小青龙"

不觅食的时候，喜欢趴在树叶上休憩

姬双尾蝶：
"小青龙"破蛹成蝶

姬双尾蝶
分类: 鳞翅目，蛱蝶科
食性: 草食性
大小: 体长 6～7 厘米
分布: 亚洲

听说大部分人类不喜欢毛毛虫，而喜欢毛毛虫长大后变成蝴蝶的样子。所以我也想羽化成蝴蝶。

姬双尾蝶的完全变态过程。

卵阶段

幼虫一般会经历4次蜕皮。

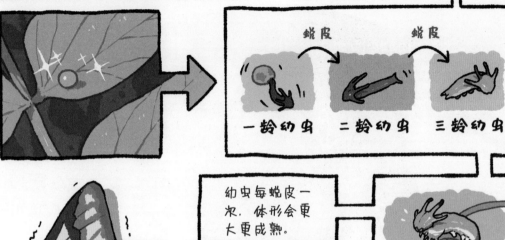

蜕皮　　　　　蜕皮

一龄幼虫　二龄幼虫　三龄幼虫

幼虫每蜕皮一次，体形会更大更成熟。

四龄幼虫

成虫

蛹阶段

五龄幼虫

姬双尾蝶雄雌两性长得相似，需要仔细观察才能发现差别。

雌蝶

雄蝶

雄蝶的双尾突位置相对平行，雌蝶的则向外张开。

蝴蝶的美是要经历各种变化才会最终"绽放"。

姬双尾蝶幼虫跟白带螯蛱蝶幼虫长得很像，但姬双尾蝶幼虫头上长的"角"比后者长，而且角尖为黑色。白带螯蛱蝶幼虫身体中间长有一个白色圆斑，可凭此特征分辨两者。

透明的翅膀快速振动，发出"嗡嗡"的声音

喜欢白天活动的蛾类之一

幼虫主要吃树叶，有时会导致植物枯秆（杆）或枯死

在空中既能向前飞也能向后飞

吸食花蜜时可以悬停在空中，常被误以为是蜂鸟

咖啡透翅天蛾：
跟蜂鸟"抢活"的天蛾

咖啡透翅天蛾

分类： 鳞翅目，天蛾科
食性： 草食性
大小： 体长2～4厘米
分布： 中国南部和东南部地区

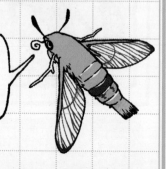

我可以悬停在空中，蜂鸟也可以；我喜欢吸食花蜜，蜂鸟也喜欢。那么问题来了，我跟蜂鸟到底是什么关系？

跟蜂鸟悬停的原理一样，咖啡透翅天蛾在吸食花蜜时也靠翅膀快速振动悬停。

这是我发现的！你不要过来抢！

看起来很美味！

* 在亚洲，我们是没有机会在野外看到蜂鸟的，它们仅在美洲大陆出没。

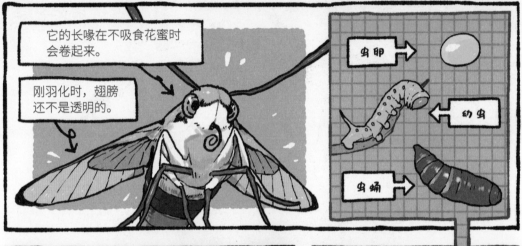

它的长喙在不吸食花蜜时会卷起来。

刚羽化时，翅膀还不是透明的。

虫卵

幼虫

虫蛹

它飞行能力强，飞行速度快，可以上下、左右、前后各个方向移动。

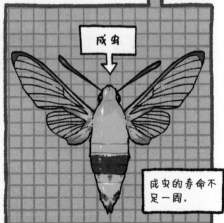

成虫

成虫的寿命不足一周。

咖啡透翅天蛾被当作害虫，是因为它们采花却不会传播花粉、采蜜却不会酿蜜，反而影响其他昆虫授粉采蜜。同时，它的幼虫还会无节制地蚕食植物枝叶。

有很强的
领地意识

幼虫吃发酵后的朽木
或腐殖质，成虫吃植
物叶片、植物汁液

喜欢在朽木
附近生活

黑色圆斑是
它的标志性
特征

雄虫的上颚强壮发达
有点像鹿角

褐黄前锹甲:
天生好斗的战士

褐黄前锹甲
分类: 鞘翅目，锹甲科
食性: 草食性
大小: 体长2～4厘米（不含上颚）
分布: 亚洲东部和南部地区

我通常会为领地、食物
以及伴侣战斗！坚硬的
甲壳和有力的大型上颚
就是我的武器！

　　　　观察员: 狐几

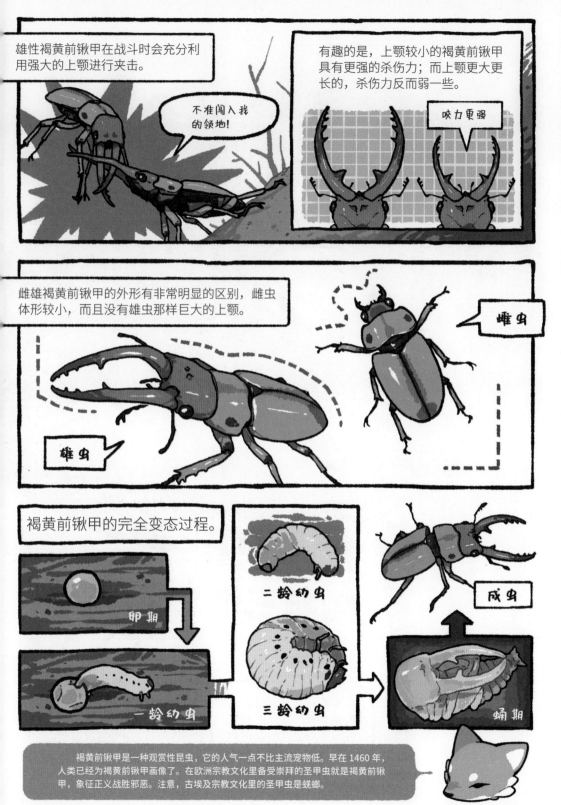

雄性褐黄前锹甲在战斗时会充分利用强大的上颚进行夹击。

不准闯入我的领地!

有趣的是，上颚较小的褐黄前锹甲具有更强的杀伤力；而上颚更大更长的，杀伤力反而弱一些。

咬力更强

雌雄褐黄前锹甲的外形有非常明显的区别，雌虫体形较小，而且没有雄虫那样巨大的上颚。

雌虫

雄虫

褐黄前锹甲的完全变态过程。

卵期

一龄幼虫

二龄幼虫

三龄幼虫

蛹期

成虫

褐黄前锹甲是一种观赏性昆虫，它的人气一点不比主流宠物低。早在 1460 年，人类已经为褐黄前锹甲画像了。在欧洲宗教文化里备受崇拜的圣甲虫就是褐黄前锹甲，象征正义战胜邪恶。注意，古埃及宗教文化里的圣甲虫是蜣螂。

爱在夜晚出没的甲虫，会被亮光吸引

身上长有三个触角，所以也叫三叉戟犀金龟

好斗且脾气暴躁

吸食树汁和水果的汁液

三对长足强大有力，能帮助它攀爬

南洋大兜虫：
拥有三个锋利触角

南洋大兜虫
分类： 鞘翅目，金龟科
食性： 草食性
大小： 体长 4～14 厘米
分布： 东南亚地区

这三个触角是我引以为傲的武器，战斗时我可以利用触角将对方掀翻或抛开呢。

雄性南洋大兜虫在战斗时会充分利用强大的触角进行攻击和防守。

南洋大兜虫有四个种类，分别是CA、CC、CM 和 CE，可按触角分叉的位置来辨别。

CA
亚特拉斯南洋大兜虫

CC
高卡莎斯南洋大兜虫

CM
婆罗洲南洋大兜虫

CE
安格尼斯南洋大兜虫

而雌性个体不长触角，体形比雄性小，鞘翅有天鹅绒一般的质感。

南洋大兜虫的完全变态。

卵期

一龄幼虫

二龄幼虫

三龄幼虫

蛹期

成虫

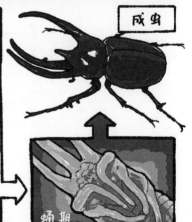

南洋大兜虫是热门的宠物昆虫，深受人类玩家喜欢。但是，南洋大兜虫不仅成虫脾气暴躁，幼虫也具有攻击性，所以抓取时要小心。幼虫最好单独饲养，避免同类相残。

背部有多种颜色，比如淡黄色、紫色、白色、蓝褐色

背上的"天线"是身体的5倍长，有抵御鸟类捕食的作用

身体只有人类指甲盖那么大

视力很差

会织圆形的网

鲜艳的体色像在昭示自己有毒，其实无毒

弓长棘蛛：长了一双"天线"的蜘蛛

弓长棘蛛

分类：蜘蛛目，圆蛛科
食性：肉食性
大小：体长0.7～0.9厘米
分布：南亚、东南亚以及中国云南

这对"天线"其实是我的长棘啦，为什么你们一直问我信号好不好呢？

只有雌性弓长棘蛛拥有长棘，并且雌雄体形差异巨大。

雄性

雌性

那么，接下来是进食时间！

雌蛛完成交配后会找机会把雄蛛吃掉。

弓长棘蛛有多种颜色。

蓝褐色

白色

紫色

淡黄色

通过观察发现，野生弓长棘蛛的颜色，最常见是白色，其次是淡黄色，而暗红色和褐色是比较少见的。

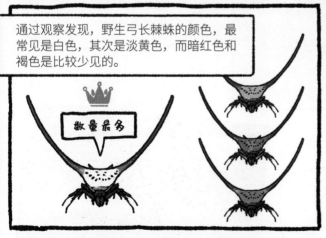

数量最多

弓长棘蛛虽然无毒，但是不能当成宠物饲养。因为它们离开原本生活环境会绝食而死。

绝食。

大多数的圆蛛科蜘蛛视力不好，它们丰富的体色应该没有在识别同类或求偶过程中起到重要的作用。因此，弓长棘蛛的体色可能与它们的捕食和防御有关系。

奇异的大王花一生只盛开一次

大王花是花朵最大的植物，花朵直径可达 1.4 米，但只开花一次，花期仅有 4 天。花期结束当天，花瓣开始变黑、凋零，随后几周内化成一摊黏稠的黑色物质……

在花朵凋零后的 7 个月内，它会结出一个腐烂状的果实，直径约 15 厘米。

果实里面藏有乳白色的果肉和上千粒红棕色的微型种子。

遇到森林火灾怎么办

在森林探险要做好应对突发情况的逃生准备，比如遇到山火要保持镇静，迅速判断所处地势，就地取材做防护工具。可以学习以下防护措施和逃生技能。

1.用毛巾遮住口鼻，以防吸入浓烟。利用携带的水或附近水源把身上的衣服浸湿。

2.密切关注风向变化。遇到山火要逆风逃生，一定不要顺风跑。

3.一般火势向上蔓延的速度比人跑得快多了，所以要往山下跑，迅速逃离。

野外常见的毒蘑菇图鉴

野生蘑菇形状千奇百怪，有些长得张扬，一看就知道不能吃；有些长得普通，看起来好像无害，实则有毒。多数毒蘑菇毒性较低，人误食后中毒表现轻微，但一些毒性高的对人危害极大。避免中毒的最好预防办法就是不要采集野生蘑菇食用。

学名：白黄粘盖牛肝菌
毒性：💀
分布：中国辽宁、吉林、云南、西藏等地
注：国内多数的野生菌食物中毒事件主要是它引起的，人误食后通常会腹泻。

学名：毒蝇伞
毒性：💀💀
分布：中国黑龙江、吉林、四川、西藏、云南等地
注：它鲜艳的外貌已经昭示自己有毒了。

学名：臭红菇
毒性：💀💀💀
分布：中国各地松林或阔叶林地
注：十分常见，食用过多会损害胃肠和神经系统。

学名：豹斑毒鹅膏菌
毒性：💀💀💀💀
分布：阔叶林、针叶林地
注：通常食后半小时至六小时之间发病，严重时会产生幻觉或造成肝损伤。

学名：红角肉棒菌
毒性：💀💀💀💀💀
分布：日本、中国、爪哇岛
注：长得像鹿角，造型罕见，误食可致死。

学名：死亡帽
毒性：💀💀💀💀💀💀
分布：欧洲和北美洲
注：世界上毒性最强的蘑菇，食用少量即可致死。

探险小剧场01

悄悄地观察

我们就在这里悄悄地观察。

一起玩吧!

我们要静悄悄地观察!

激动

知道了。

嘘!

那只狐狸,

你自己就很大声啊。

一路向北会直接到达荒原地区,我们可以先往西走,沿着海岸绕过去吧?

探险小剧场02

亚马孙森蚺先生的善意

第二章
沿着海岸线探索

企鹅其实是海鸟，只是不会飞，但游泳很厉害

用嘴巴梳理羽毛时会给羽毛涂上一层防水的油脂

滑溜溜

看不见的大腿和膝盖都藏在肚子下面

游泳速度很快，每小时可达30千米

喜欢吃南极磷虾，有时候也会捕食小鱼和乌贼

企鹅:
叼鹅卵石向伴侣求婚

企鹅

分类: 企鹅目，企鹅科
食性: 肉食性
大小: 成年企鹅平均有 1.1 米高
分布: 南极

我们在求偶的时候，除了表演和鸣叫，还会找一块漂亮的鹅卵石送给对象当作"定情信物"。

雄性企鹅将鹅卵石送给对象是表示自己有足够的能力建造好巢穴*。

还不错。

冷漠

亲爱的，这块石头怎么样？

*企鹅搭建巢穴使用的材料都是鹅卵石。

其他种类的企鹅是雄雌两性轮流孵蛋，而帝企鹅是雄性负责孵蛋。

这周轮到你孵蛋。

别偷懒哦！

雄性帝企鹅

雌性帝企鹅通常一次只产下一枚蛋，如果产下两枚就选择外形较大的一枚孵化。

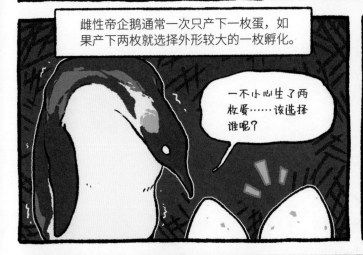

一不小心生了两枚蛋……该选择谁呢？

被选中的那一枚蛋会得到爸爸的悉心照料直至孵化。

因为雄性帝企鹅精力有限，另一枚蛋被放弃后便没有孵化的可能了……

企鹅游泳的方式跟其他水鸟不一样。许多水鸟游泳是靠长有蹼的双脚在水中划动，而企鹅则是靠翅膀划水。虽然企鹅的脚也长有蹼，但只用来控制方向。

白色的毛本身是透明的, 经阳光折射才呈现白色

嗅觉灵敏, 能闻到方圆1千米和雪下1米的气味

吼吼

喜欢独来独往

一年里至少有一半时间不活动

严冬时, 会进入局部冬眠状态

北极熊:
拥有黑色的皮肤

北极熊
- **分类:** 食肉目, 熊科
- **食性:** 肉食性
- **大小:** 体长1.8～2米
- **分布:** 北极

其实你们可以从我的鼻头、爪子肉垫、嘴唇以及眼睛四周的皮肤看出我的真实肤色!

观察员: 怖怖

北极熊的皮肤是黑色的，黑色有助于吸收
阳光热量，这是北极熊保暖的方法。

防水、隔热

没有毛的北极熊

毛发是透明的

北极熊由棕熊演化而来，两者的
血统在冰河时代开始分化。

北极熊

棕熊

灰北极熊

棕熊

北极熊与灰熊能杂交出具有生育
能力的后代——灰北极熊。

熊科一族的实力对比。

（注：大熊猫曾属于单独的熊猫科，现归属熊科。）

北极熊

体　　形：★★★★
咬合力：★★★
战斗力：★★★★

棕熊

体　　形：★★★
咬合力：★★★
战斗力：★★★☆

大熊猫

体　　形：★★☆
咬合力：★★☆
战斗力：★★★

在野外，北极熊的寿命预估有 25 ～ 30 年。而在人类圈养的情况下，目前有
记录的最长寿的北极熊是一头雌性北极熊，活了约 43 年。

身躯巨大又肥胖，在海里却是"灵活的胖子"

鼻子能伸缩

一旦兴奋或生气，鼻子就会膨胀起来

头部能向背部和尾巴方向弯曲超过90度

不太讲卫生，所以体表看起来脏兮兮的

为争夺领地和交配机会打斗，留下许多伤痕

南象海豹：卧在沙滩上的巨兽

南象海豹

分类：鳍足目，海豹科
食性：肉食性
大小：体长2.6～6米
分布：南极海域

我的四只脚长得像鳍，后腿不能向前弯曲，所以在陆地上我只能靠前脚匍匐爬行。别看我在地面行动笨拙，在水里我可厉害了。

象海豹有南象海豹和北象海豹两种，南象海豹体形大，并且雄性比雌性大数倍。

北象海豹

雄性北象海豹鼻子更长，看起来更像象鼻。

呜呜哇啊！

汪呜——

幼年南象海豹

成年南象海豹的叫声是粗犷的吼声，而幼年南象海豹的叫声则像小狗。

南象海豹需要频繁地潜入深海觅食，以获取每天身体需要的能量，每天潜水可长达 20 个小时，甚至有时候全天不停歇。

南象海豹是动物界的"潜水亚军"，最深可达水下 2300 米。

又饿了！

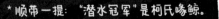

*顺带一提："潜水冠军"是柯氏喙鲸。

雄性南象海豹潜水时间每次最长可达 1 小时，潜水深度一般为 1000 ～ 1500 米，但在寻找食物时，它们通常只在水下 300 ～ 600 米活动，每次潜水时间不超过 20 分钟。

通常在水深18米以上的海域活动, 出没于珊瑚礁中

咻咻

龟背有褐色和淡黄色相间的花纹

它的壳非常坚硬, 所以没什么天敌

个头大, 脾气有点凶

口味独特, 喜欢吃几种特定的海绵

玳瑁: 喜欢吃剧毒海绵的海龟

玳瑁
分类: 龟鳖目, 海龟科
食性: 杂食性
大小: 体长62～114厘米
分布: 大西洋和太平洋的热带地区

海绵这种美味食物, 因为身上有剧毒, 其他生物无福消受, 但我照吃不误。

由于玳瑁喜欢吃海绵，所以身上会带有海绵难闻的味道。

有毒海绵

海龟遇到危险时，不能像乌龟那样把外露的身体部位缩进壳里躲避。

但海龟的头部和四肢上长着非常坚硬的鳞片，基本没有动物能咬破。

坚硬鳞片

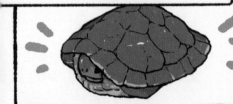

坚硬鳞片

虽然玳瑁身上异常坚实的壳让它们免于天敌袭击的烦恼，却躲不开人类的捕杀。

海龟的寿命一般为 30 岁到 200 岁不等。

玳瑁是非常长寿的动物之一，目前发现寿命最长的玳瑁达到 1500 岁。

虽然成年玳瑁不能伸缩颈部，但幼年玳瑁可以，只是不能前后左右转动。由于人类过度开发玳瑁产卵筑巢的海滩，降低了幼年玳瑁的成活率，导致玳瑁大量减少。

伪装大师！全靠身上长的半透明海藻叶瓣状附肢伪装成海藻

生活在不同海域的叶海龙，体色会不一样

咕噜咕——

寿命在10年内

喜欢独居，很少跟同类来往

游泳能力一般，经常静止不动，但方向感很强

雄性负责孵化后代，通常花6~8周时间

叶海龙：
擅长伪装成海藻

叶海龙
分类： 海龙目，海龙科
食性： 肉食性
分布： 澳大利亚西部和南部

我不仅擅长伪装成海藻，我身上还长有硬刺！想把我当海藻吃下可是会遭罪的哦。

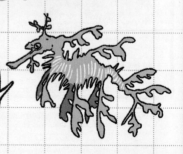

叶海龙身体的颜色跟年龄、饮食和周围环境有关。浅海的叶海龙体色为黄褐色或绿色，深海的叶海龙则呈灰褐色或酒红色。

伪装成功！

叶海龙不仅长得像海马，繁殖习性也像海马，都是由雄性负责孵化后代。

下周差不多了吧。

大哥你呢？

兄弟，快生了吗？

叶海龙与海马同属海龙科，属于近亲，生活习性也相近。

叶海龙与海马最大的区别是前者不能像后者那样用尾巴抓取东西。

好厉害！

澳大利亚人相信叶海龙可以带来好运，因此他们在许多节日上用叶海龙充当吉祥物。另外，叶海龙也常出现在家居饰品和衣物的图案上。

有 4 条长达 10 米的口腕, 可以用来捕捉猎物

伞状的身体直径可达 1 米

身体呈黑红色

生活在 500~2000 米的深海

冥河水母:
触手长达 10 米

冥河水母

分类: 旗口水母目, 羊须水母科
食性: 肉食性
大小: 体长 10 米以上
分布: 世界各大洋深海

人类认为我是深海生态系统中最大的无脊椎食肉动物之一. 人类对我的认识还很片面呀.

冥河水母是目前人类已发现的最大的水母，像触手一样的口腕平均长达 10 米。

体形对比

冥河水母在深海出没，人类难以观察到它。科学家按照一般水母的特性，推测冥河水母可能有毒。

毒

毒

毒

毒

可能有毒

澳洲箱水母

澳洲箱水母是世界上毒性最强的水母。它看似普通，但人要是被它的触须刺到，不及时治疗可能会丧命。

冥河水母在深海里并不孤单，常常有一种大洋极深海鳚（wèi）在它身边出现，两者是共生的关系。

大洋极深海鳚

冥河水母最早在 1901 年于南极海域被发现。过去的 100 多年间，人类只目睹过冥河水母 100 余次。其中在南极海域出现多次，在日本海域也出现过，所以科学家认为它普遍分布在世界各大洋。

表面光滑，身体像半凝固的胶质

有两只像大象耳朵一样的鳍

不靠喷水前行，是用鳍或收缩胶膜来游泳

游泳速度缓慢

在吸盘处长了能发光的器官，用来吸引猎物

喜欢待在海底，尤其是 4000 米深海

小飞象章鱼：不会喷墨，但会发光

小飞象章鱼

分类： 八腕目，须蛸科
食性： 肉食性
大小： 体长约 20 厘米
分布： 太平洋海底

虽然我和章鱼一样有触手，但我不是章鱼哦，而是须蛸科的软体动物，所以我没有喷墨的技能啦，不好意思。

小飞象章鱼身上没长墨囊，所以不能喷墨。

游泳速度缓慢

不能喷水推进

虽然不会喷墨，但它有发光器官，并且可以控制光亮程度，以此赶走不速之客。

休憩中

它在捕猎时会故意减弱光线亮度，只是微微发光吸引深海里的猎物靠近它。

捕猎成功

一旦猎物进入攻击范围，它会用触手配合身体产生的黏液网住猎物。

由于生活在深海，小飞象章鱼身上的许多秘密还待人类慢慢揭开。

体盘两侧有能发电的
肌肉柱，受神经控制

卵圆形的扁
平身体

!!

通常埋在泥沙里
等待猎物经过

能发出高达
200 伏的电压

卵胎生

黑斑双鳍电鳐：
海中的高压线

黑斑双鳍电鳐
分类： 电鳐目，电鳐科
食性： 肉食性
大小： 体长 30～45 厘米
分布： 热带、亚热带近海

我能随意放电，放电的强度和
持续时间都完全由自己掌控。
我全靠这样捕食和击退敌人。

黑斑双鳍电鳐连续放电后，电流强度逐渐减弱，十几秒钟后完全消失。但休息一会后它就能恢复。

放电是黑斑双鳍电鳐防御和猎食的重要手段，一次充分的放电足以把它附近的生物都电晕。

充电中

黑斑双鳍电鳐的正反面

黑斑双鳍电鳐

评　价：★★
发电力：200伏
栖息地：大海

电鲶

评　价：★★★
发电力：500伏
栖息地：河流

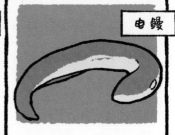

电鳗

评　价：★★★★
发电力：800伏
栖息地：沼泽

黑斑双鳍电鳐尾部两侧的肌肉是靠6000～10000枚肌肉薄片规则排列组成的，每一枚肌肉薄片只能产生150毫伏的电压，像个小电池，但近万个"小电池"串联起来就可以产生很强的电流。

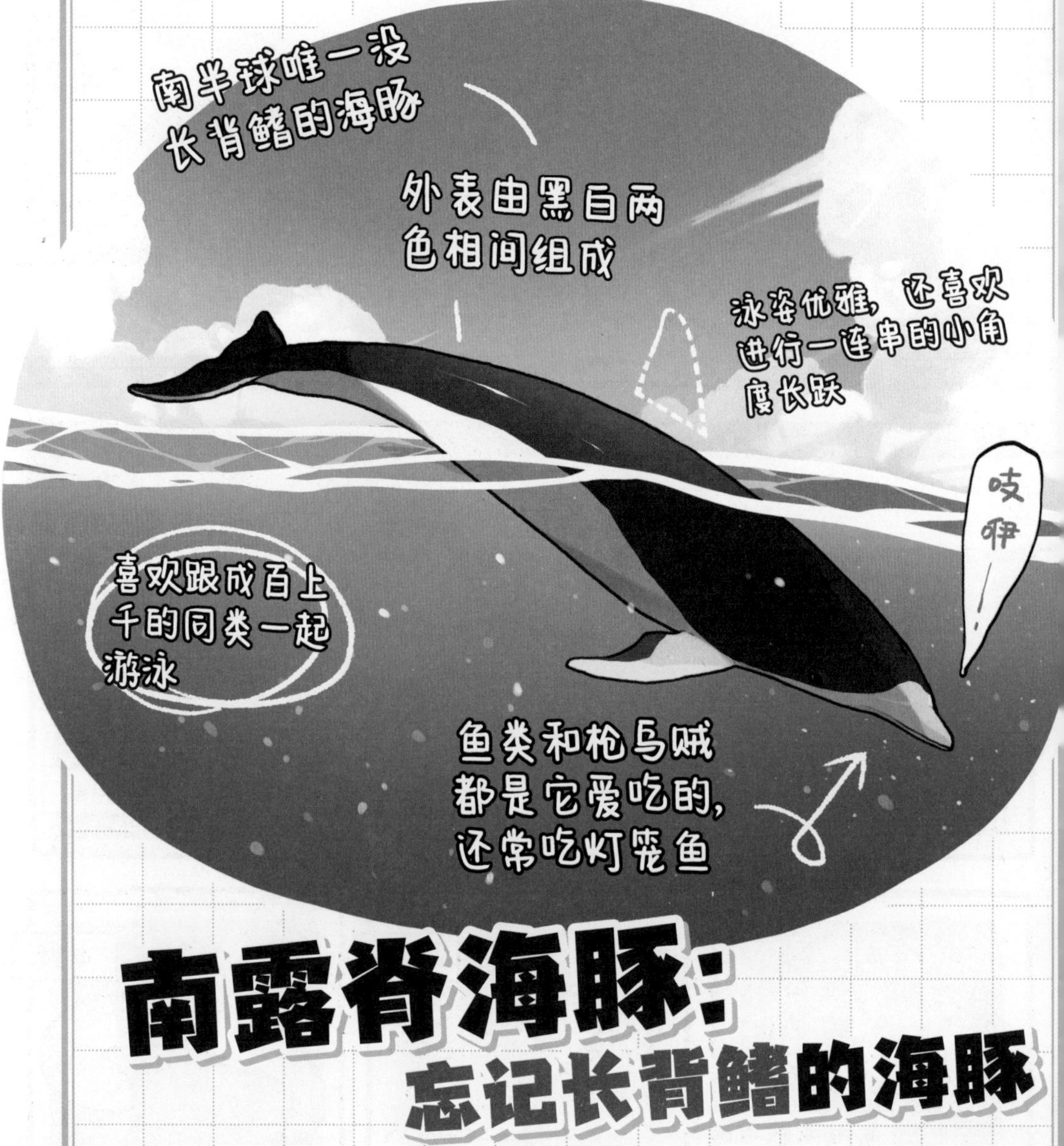

南半球唯一一没长背鳍的海豚

外表由黑白两色相间组成

泳姿优雅，还喜欢进行一连串的小角度长跃

吱咿！

喜欢跟成百上千的同类一起游泳

鱼类和枪乌贼都是它爱吃的，还常吃灯笼鱼

南露脊海豚：
忘记长背鳍的海豚

南露脊海豚
分类：鲸目，海豚科
食性：肉食性
大小：体长 2～3 米
分布：南极海域

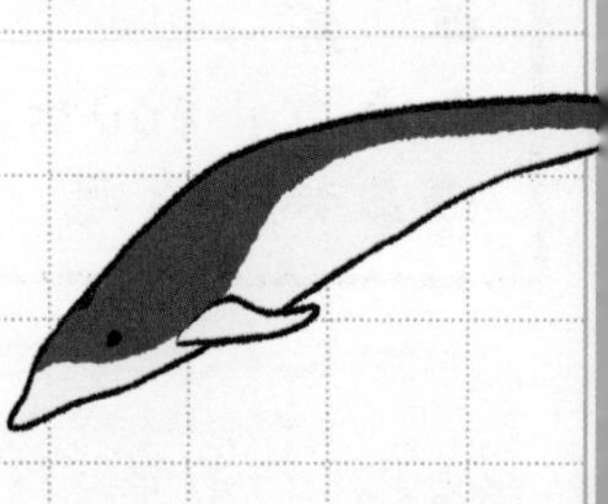

露脊的意思就是我背上没有长鳍，再加上黑白两色的显眼配色，我看起来真是独具一格！

南露脊海豚与栖息在北半球的近亲北露脊海豚非常相似，两者的外貌区别在于身体表面的白色面积。

北露脊海豚身上的白色面积更小，身体更修长。

南露脊海豚的泳姿跟企鹅相似，再加上相同的黑白配色，远远看过去经常被人误以为是企鹅。

企鹅跃出水面再下潜的动作。

它们是高度群居性动物，一个群体大约由 200 条组成。科学家还发现过上千条的大群体。

野生南露脊海豚的寿命目前还是一个谜，科学家根据它们的近亲北露脊海豚的普遍寿命推测，南露脊海豚也许寿命可达 42 岁。人类圈养的南露脊海豚普遍生命短暂，平均存活时间只有 3 周，最长寿的一只活了 15 个月。

体长可达6米,
是长尾鲨科里
体形最大的

群居性

卵胎生

头小、吻部短
且尖, 跟一~
鲨鱼不一样

喜欢成群
结队猎食

主要吃鱼类和鱿鱼,
偶尔也吃海鸟

狐形长尾鲨:
用长尾拍晕猎物的鲨鱼

狐形长尾鲨
分类: 鼠鲨目, 长尾鲨科
食性: 肉食性
大小: 体长3~6米
分布: 温带和亚热带海域

我的长尾巴可不是摆设, 是我
的杀手锏! 我可以用长尾巴把
鱼群拍晕或者吓得它们失去知
觉, 然后美滋滋进食. 嘿嘿.

狐形长尾鲨会把尾巴当鞭子一样来回摆动，激起威力强劲的水波袭击鱼群。反复数次后，鱼会迷失方向、脱队，方便狐形长尾鲨捕食。

虽然它主要以远洋鱼群和鱿鱼为食，但偶尔也会跃出水面试着捕食海鸟。

狐形长尾鲨是卵胎生，母体每胎可以孕育 6～10 条幼鲨，但最终出生的只有 2～4 条。

看看谁能活着出去吧！

这是因为幼鲨在妈妈肚子里就已经展开优胜劣汰、适者生存的斗争了。

狐形长尾鲨的尾巴不仅用来捕猎，还可以自卫。狐形长尾鲨像甩鞭子那样疯狂甩打尾巴，即便对方没被抽痛也被吓到蒙圈，狐形长尾鲨便可趁机逃走。

虽然叫"独角鲸"，但那根长长的"角"其实是牙齿

这种长牙在雄独角鲸身上常见，雌性身上几乎没有

这根长牙非常脆弱，并不坚硬

滋

群居动物，通常是成年雌雄独角鲸跟幼鲸一起活动

背部有许多深色斑点，腹部呈白色

独角鲸:
独角到底有什么用

独角鲸
分类: 鲸偶蹄目，一角鲸科
食性: 肉食性
大小: 体长4～5米（不含角）
分布: 北极海域

螺旋状的长角其实是我已经退化的牙齿，看起来还有点像带螺旋纹路的招牌……

观察员: 干嘛鸦

独角鲸的长牙上布满跟大脑相连的神经末梢，它对海水温度、压力和盐度的变化异常敏感。

所以，这根长牙可以帮助独角鲸感知周围的环境以及寻找食物。

虽然长牙布满敏感神经，但独角鲸竞争配偶时，还是会用它做武器打斗。

雌性独角鲸

偶尔也有雌性独角鲸长出长牙，但是一般很短，不到一米长。

它还很"顾家"，会一家三口一起活动。

在中世纪，欧洲王室十分推崇用独角鲸的角制作权杖，认为它是至高皇权的象征。

数亿年前
就长这样

红褐色的是生长
纹，从壳的脐部
向外辐射

右鳃

有 63～94 条
腕，腕足上没
有吸盘

晚上活跃，
白天休息

漏斗状结构通过收缩肌肉
向外排水，从而推动身体
移动

鹦鹉螺:
海洋中的活化石

鹦鹉螺
分类: 鹦鹉螺目，鹦鹉螺科
食性: 肉食性
大小: 外壳长达 27 厘米
分布: 太平洋热带海域

我在地球上经历了数亿年
的演变，我的直系祖先可
是奥陶纪海洋中的顶级掠
食者。

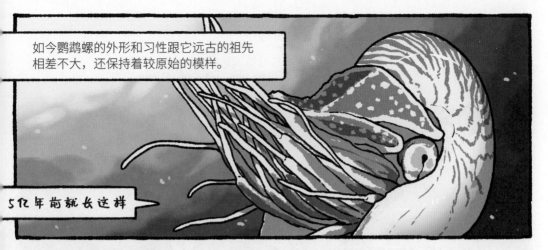

如今鹦鹉螺的外形和习性跟它远古的祖先相差不大，还保持着较原始的模样。

5亿年前就长这样

跟它的近亲章鱼和乌贼一样，鹦鹉螺也用喷射推进的方式移动。

喷射！

它还能通过排水和吸水的方式控制自己上浮、下沉。

鹦鹉螺是头足纲中唯一真正有外壳的物种。

乌贼

章鱼

鹦鹉螺

什么？

鹦鹉螺祖先曾称霸奥陶纪。

将鹦鹉螺螺壳切开，我们会看见截面是一个个隔间由小到大向上旋开，各隔间之间由一根体管连通。鹦鹉螺通过控制隔间内气体排放来指挥身体在水里升降。

房角石的准确体长仍有争议, 但它的确是古生代巨大的生物

咕

管状的外壳可长达6米

跟鹦鹉螺是近亲, 同样利用喷射方式移动

八条触手捕捉猎物

房角石:
戴着一顶6米长的"帽子"

房角石
分类: 头足纲
食性: 肉食性
大小: 体长6～10米
分布: 奥陶纪的海洋

虽然我已经灭绝了, 但你们还是能从我的近亲鹦鹉螺小弟身上窥见我大概的样子。

房角石可能是奥陶纪体形最大的肉食性海洋动物，像一只大乌贼藏在巨大的壳里。

房角石与成年人类体形对比

房角石取代了寒武纪的海洋霸主奇虾，成为奥陶纪新的海洋霸主。

寒武纪霸主

奥陶纪霸主

巨大且直挺挺的外壳随着进化，逐渐"卷"起来。

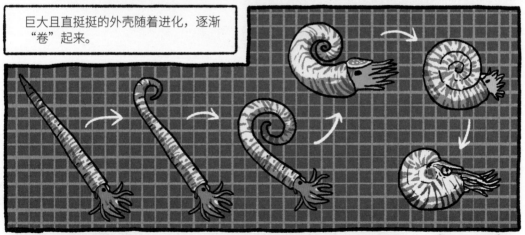

在奥陶纪，由于房角石这种食肉的鹦鹉螺类软体动物大量出没，三叶虫为了防御，在胸、尾长出许多针刺，避免遭袭击或吞食。

绝大部分时间在海洋活动，三叠纪的"海洋杀手"

一张长满钉子状尖牙的大嘴

四肢强壮发达，会爬上岸捕食或产卵

幻龙是适应水生生活的初期代表。颈部已开始加长，占身长的三分之一

呼

幻龙：
饭后晒太阳的两栖"海王"

幻龙
分类： 幻龙目，幻龙科
食性： 肉食性
大小： 体长4～6米
分布： 三叠纪的海洋

虽然在海里生活很自在，但偶尔还是想"脚踏实地"地回到陆地上晒晒太阳。

虽然幻龙习惯水里的生活，但它也喜欢爬上岸活动，就像现在的龟和鳄。

幻龙体现了鳍龙类恐龙的"过渡期"——指爪状的四肢还未进化成适合划水的鱼鳍状四肢。

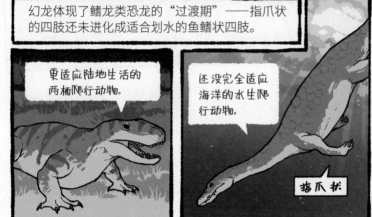

更适应陆地生活的两栖爬行动物。

还没完全适应海洋的水生爬行动物。

指爪状

中生代的海洋霸主——蛇颈龙。

鱼鳍状

你可能以为蛇颈龙细长的脖子能像蛇一样灵活扭动，其实不是这样的。

它的脖子很"僵硬"，只能笔直向前，小幅度地扭动。

僵硬

*进化出细长脖子不是为了方便移动，而是为了捕食。

幻龙的嘴长满钉子状尖牙。口腔前半部分的牙齿长得细长、密集，后半部分的牙齿则相对稀疏和短小。幻龙的牙齿上下相扣能将猎物留在口中。

野外探险的必带装备

没必要带的东西都给我放下。背包只能装必备的物品。

踏上探险旅途，除了脑瓜子有充足的知识储备外，随身携带必备的工具能让探险之旅更顺利和方便！

装备：生火工具
推荐程度：👍👍
用处：烹煮食物、取暖、照明、吓退野兽等
注：离开前一定要确保火已经熄灭，以免引发火灾。

装备：指南针
推荐程度：👍👍👍
用处：在野外辨别方向有许多方法，而使用小巧的指南针最方便

装备：哨子
推荐程度：👍👍👍
用处：在野外走失或者陷入危险需要救援时，哨子能帮忙定位

装备：睡袋
推荐程度：👍👍👍👍
用处：便携睡袋不仅能确保舒适睡眠，还能保暖（野外晚上气温会降低）
注：户外保温毯也是必备的。

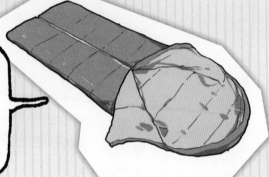

装备：多功能工具刀
推荐程度：👍👍👍👍
用处：烹饪、逃生、获取标本等，在野外会遇上各种状况，一把能满足多种需求的工具刀非常实用

装备：应急药品
推荐程度：👍👍👍👍👍
用处：应对跌打损伤、蚊虫咬伤、腹泻等

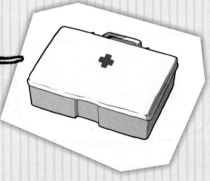

海洋生物杀手——白色污染

　　"白色污染"指不可降解的塑料废弃物对环境造成的污染。制造白色污染的主要是塑料袋、塑料包装、快餐盒和塑料瓶等，它们在自然中要数百年时间才能自行降解。

海洋生物经常误食海洋里的垃圾，尤其容易把垃圾袋当水母吞食，但是它们根本无法消化垃圾。

人们解剖死去的海龟和鲸鱼，在它们胃里发现了许多不能消化也无法排泄的塑料制品。白色污染是海洋生物杀手。

在大海漂流的小黄鸭

1992 年装有一批塑料小黄鸭的运输船在太平洋遭遇了风暴，导致两万多只小黄鸭丢失并在大海上漂流至今……它们可能已经散落在五大洋。

由于长时间受阳光照射和海水侵蚀，这些小黄鸭被洋流带回海边时，已经褪色了。

顺着洋流经历了环球之旅的塑料小黄鸭名气巨大，如今已是珍贵的收藏品。

探险小剧场03

有点可爱是怎么回事

荒原上很难找到吃的，所以我们必须提前准备好充足的食物，以防万一。

探险小剧场04

捡到超大贝壳

沙滩上有好多贝壳。

捡来当作纪念品吧!

太棒了!

竟然有鹦鹉螺废弃的壳!

这是什么?

鹦鹉螺是海洋中的活化石。

拔出来……

我们捡到一个超大的贝壳!

这个是房角石的化石……

接下来就是我最不想去的区域了……那里的野兽可是非常……凶狠的!可怕!

第三章
神秘的荒原之旅

荒原很危险，我们别去了！

不，一定要去。

大小跟家猫差不多，
但体形粗短

喵呜

习惯独居，喜欢
住在岩石缝隙中
或石洞

总是一脸
"苦大仇深"

视觉、听觉
发达

腹部的毛更长
更浓密

不擅长挖洞，有时
会直接霸占其他动
物的巢穴

兔狲:
猫科中的灵活"胖子"

兔狲
分类: 食肉目，猫科
食性: 肉食性
大小: 体长 50 ～ 65 厘米
分布: 亚洲

我是猫科动物中毛发最长
的，而且毛发非常蓬松，
所以，我只是"虚胖"!

兔狲毛茸茸、圆滚滚的模样得益于身上蓬松的被毛，毛发不仅密度高并且柔软。

虚胖

虽然它们在野外不打洞，霸占别的小动物巢穴，但是它们的领地意识非常强，侵入它们的家就会受到攻击。

你的洞穴看起来不错。

我要了。

嗯？

兔狲的瞳孔收缩时呈圆形，与大型猫科动物一样。而家猫的瞳孔收缩时是呈竖条状的。

兔狲非常胆小，遇上体形大点的动物（例如人）扭头就跑。所以它主要吃老鼠、兔子这一类的小动物，吃得最多的是高原特有的动物——高原鼠兔。

耳朵较大，能帮助散热，以适应沙漠高温天气

喜吃野生和家养的有蹄类动物，所以常被当地牧民追杀

身形比较细长

通常群体活动

嗷

耐力好，能长途迁移

野外数量稀少

阿拉伯狼：
能适应沙漠环境的狼

阿拉伯狼
分类： 食肉目，犬科
食性： 肉食性
大小： 体长约 78 厘米
分布： 阿拉伯半岛

我是世界上体形最小的狼，但有超强的环境适应力，主要在沙漠地区活动。

为了适应沙漠的气温，阿拉伯狼的被毛会随季节变化——夏天的短且稀疏，冬天的则长而浓密。

它们擅长挖洞，白天会藏入洞穴休息，躲避炎热的天气，晚上才会出来觅食。

沙漠白天的最高气温能达到50℃。

所以它们躲在洞穴中避暑！

它们最大的竞争对手是阿拉伯条纹鬣狗。要是不幸碰上，阿拉伯狼必须以群体的力量才能把对方赶走。

条纹鬣狗

嗷呜！

明亮火堆

阿拉伯狼惧怕火焰，如果在野外遇到狼群，我们可以点起火堆把它们吓走。

　　阿拉伯狼食量大，一次能吃10～15千克的食物。食物充足的情况下，阿拉伯狼依然会捕杀猎物，但不会吃掉它们。如果食物不足或没有食物，它们也能发挥惊人的抗饿能力，最长可以17天不进食。

以"世界上最无所畏惧的动物"收录在《吉尼斯世界纪录大全》中达数年之久

喜欢吃小型哺乳动物、鸟类、爬虫也会捕食毒蛇

栖息在洞穴、岩石裂缝等地方

但最喜欢吃的是蜜蜂幼虫

独居或成对生活

吱呀

后足比前足短小一些

前爪强壮，可以捣毁蜂巢

蜜獾：
"平头哥"无所畏惧

蜜獾

分类： 食肉目，鼬科
食性： 杂食性
大小： 体长约 91 厘米
分布： 非洲

看什么看？想打架吗？

蜜獾性格凶猛，非常好斗。即使面对体形比它大的动物，它也照样招惹，丝毫不害怕。

Lv.17

为何挑战我？
不怕死吗？

Lv.56

它的自信或许是因为皮肤厚实、坚韧，不仅能抵御蜜蜂叮咬，也能抵御其他动物的伤害。

蜜獾对活动周围的毒蛇有强抵抗力。

叮

刚才那条蛇有这么长。

很好吃

蜜獾虽然以肉食为主，但也吃水果和植物的根茎、鳞茎。

由于它最喜欢吃蜜蜂幼虫和蜂蜜，所以名字带"蜜"。

发现蜂巢

蜜獾幼崽一旦成长到能自行行走，就会跟母蜜獾分开居住。蜜獾有同类相残的现象，尤其对幼崽十分不友好，所以大约只有一半的幼崽能成功长大。

爱干净,日常花大量时间清洁毛发

群居性

习惯生活在高温和比较干燥的环境中

排泄的频率低,尿液无刺鼻味道

会把食物和水分储存在尾巴里

吱

听觉灵敏,弹跳能力强,以此躲避危险

主要吃昆虫,也会吃一些植物

北非肥尾沙鼠:
用肥尾巴储水

北非肥尾沙鼠
分类: 啮齿目,鼠科
食性: 杂食性
大小: 身长约13厘米
分布: 撒哈拉沙漠北部

我生活的地方高温又干燥,水分对我非常重要,所以我把水分储存在尾巴里!

观察员: 怖怖

北非肥尾沙鼠的尾巴跟骆驼的驼峰一样，都可以用来储存营养和水分。

鼻子较尖

身体圆润

一只健康的北非肥尾沙鼠应该有一条饱满的尾巴。

它们喜欢且擅长在硬实的沙漠里挖洞。白天在洞穴休息，晚上出来觅食。

挖

挖

它们建造的地下洞穴错综复杂，光入口就有数十个。

北非肥尾沙鼠跟蒙古沙鼠不仅外形相似，生活习性也接近，两者都能作为宠物饲养。

蒙古沙鼠

尾巴细长

身材较瘦

体形	相对较大	相对较小
毛色	40种颜色	只有1种
性格	活泼好动	呆呆的
好奇心	十分旺盛	几乎没有
战斗力	★★★	★☆

北非肥尾沙鼠是重度的睡眠爱好者，大部分时间都在睡觉，花在觅食上的时间非常少。

不会飞只会跑，速度非常快，时速25千米

虽然是鸟类，但只能做短距离滑翔

羽毛颜色是橄榄褐色与白色相间，带条纹

尾羽长，向上翘

主要捕食昆虫，蜥蜴，偶尔吃响尾蛇

腿部强壮，每天为吃的走许多路

有两根前趾和两根后趾

走鹃：
一直在路上奔跑的杜鹃

走鹃
分类：鹃形目，杜鹃科
食性：肉食性
大小：体长约56厘米
分布：北美地区

我从不羡慕那些在天空中飞的鸟，因为它们体会不到我在荒原上狂奔的乐趣。

观察员：怖怖

走鹃虽然是鸟类，但飞行很笨拙而且容易疲乏，只能做短距离滑翔。

飞一会儿就会累。

它勇猛好斗，即使闯进响尾蛇的地盘也不怕，双方会掀起一场殊死搏斗。

盯

似曾相识的情景。

胜利了，它将得到一顿美餐；如果失败，代价就是死亡。但它从不退缩！

雄走鹃会叼着猎物向雌走鹃求偶。如果雌走鹃吃下它，就表示愿意接受追求。

走鹃夫妻会轮流孵蛋，晚上由雄走鹃负责，白天由雌走鹃负责。

这是因为只有雄走鹃能在晚上保持正常的体温。

沙漠昼夜温差大，夜晚冷，走鹃的体温也会有所下降。等到了第二天清晨，它会将身体背部的黑斑对准太阳，充分吸收阳光，体温升回正常水平，不需要耗费自己的能量"升温"。

长得像小巧版的非洲鸵鸟

头部的羽毛比较稀疏

而苗

比较温顺友善，除非激怒它才会被啄

它的叫声像"而苗、而苗"，所以得名鸸鹋

腿很长，有三根趾，擅长奔跑

雄鸸鹋会用数周时间不吃不喝来孵蛋，直至雏鸟出壳

鸸鹋: 世界上体形第二大的鸟

鸸鹋
分类: 鹤鸵目, 鸸鹋科
食性: 杂食性
大小: 身高约1.8米
分布: 澳大利亚

虽然我是世界上体形第二大的鸟，但跟排第一的非洲鸵鸟比起来，我可太小巧了……

鸸鹋是大洋洲的特产，栖息在澳大利亚，加上长得像鸵鸟，因此它也叫澳洲鸵鸟。

翅膀相对较大

翅膀退化更明显

非洲鸵鸟

后肢更强壮

有一些雌鸸鹋产卵后会留守照料直至雏鸟孵化，但大部分雌鸸鹋都是下蛋后便离开。

孵蛋的工作通常是雄鸸鹋负责的。

鸸鹋蛋是深绿色的。鸸鹋雏鸟身上有棕黄色的条纹。

有一个有趣的现象——雄鸸鹋乐意收养其他流浪雏鸟，不过只会选择那些体形比自家雏鸟小的。

怎么了，你迷路了吗？

我要到海边找一条鲨鱼。

野生鸸鹋的寿命约为 10 年，而人工饲养的鸸鹋寿命约有 20 年。小鸸鹋发育成长的速度非常快，通常 1 岁左右就成年。

身形狭长，全身覆盖鳞甲

鳞片由角蛋白构成，与所有脊椎动物的毛发构成物质一样

舌头非常
没牙齿，
觉很灵敏

遇到危险会缩成一团保护自己

喜欢吃白蚁、蜜蜂，也捕食其他昆虫

擅长挖洞，喜欢爬树和游泳

中华穿山甲：
"装死"来捕食白蚁

中华穿山甲

分类: 鳞甲目，穿山甲科
食性: 肉食性
大小: 体长 42 ～ 92 厘米
分布: 亚洲

我最喜欢吃白蚁！找到白蚁窝后，我会躺在旁边装死，一动不动，吸引白蚁聚集在我身边再趁机捕食。

　　　　　　　　　　　　　　　　观察员: 干嘛鸦

中华穿山甲找到白蚁窝后，就躺在蚁窝附近一动不动地装死。

它会把身上鳞片张开，配合阳光的照射，皮肉会散发强烈的异味，引白蚁倾巢而出，趁机捕食。

它的本领还不只如此。它会挖洞，也擅长爬树，还会游泳！真的是多才多艺！

游泳的姿势是"狗爬式"，尾巴会配合摆动。

中华穿山甲受到威胁时会缩成一个鳞甲球，猛兽无从下口，对它无可奈何。

绝对

防御

但是这一招反而方便人类捕捉它……

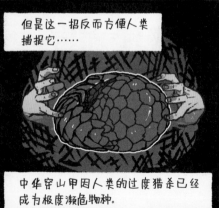

中华穿山甲因人类的过度猎杀已经成为极度濒危物种。

据科学家观察，在面积250亩的林地中，只要有一只成年中华穿山甲在，白蚁就不会对林地造成危害。中华穿山甲在保护森林、堤坝，维护生态平衡等方面发挥了巨大作用。

自然界的清道夫，
以动物粪便为食

在维持生态系
统平衡中发挥
重要作用

躯体的前半
部分很坚硬

有时会被
光亮吸引

能利用月光偏振
现象定位

雄蜣螂的头部前端
像扇面，表面有鱼
鳞样的皱纹

蜣螂：
吃粪也有偏爱的口味

蜣螂

分类： 鞘翅目，金龟甲科
食性： 杂食性
大小： 体长 3～3.5 厘米
分布： 南极洲外的六大洲

我虽然吃粪，但口味很挑
剔的好吗！不同动物的粪
便味道不一样，我可不是
见粪就吃。

蜣螂偏爱的是肉食性和杂食性动物的粪便。如果有多种选择，它们不大会选择草食性动物的粪便。

您的便便真不错。

我讨厌牛粪！

例如牛粪就不受蜣螂待见，因为水分多、黏稠，不容易滚成粪球。

蜣螂处理粪便的方式主要有 3 种：推粪型、地道型、粪居型。

推粪型

最常见的方式。

地道型

在粪便下方挖好洞穴，把粪便推下去。

粪居型

直接在粪便里居住和产卵。

蜣螂在古埃及被称为圣甲虫。

古埃及人认为圣甲虫拥有坚持、无畏、勇敢和勤劳的精神，可以为世界带来光明和希望。

蜣螂倒立着推粪球，但是绝不会迷失方向，这是因为蜣螂可以利用太阳、月亮、星星的位置甚至偏振光，准确地判断所处的方位和目的地。

好神奇！

白蚁是古老、原始的昆虫，是蟑螂的亲戚

会花数年甚至数十年来建造族群的巢穴

能高效降解木质纤维素

这种土丘状的白蚁窝通常高达几米

白蚁大城堡

白蚁：用数十年时间筑建族群的大城堡

白蚁

分类： 等翅目，白蚁科
食性： 草食性
大小： 体长 0.1～1 厘米
分布： 南极洲外的六大洲

我们白蚁一族都是建筑大师。我们的数量庞大，因此也需要巨大的巢穴，所以我们要建"城堡"来住。

白蚁用粪便或者部分咀嚼过的植物残渣混合泥土做巢穴的建筑材料。

白蚁巢穴的主要功能是为蚁后、蚁王提供受保护的生活空间，并为族群提供庇护所。

结构复杂

通风良好

冬暖夏凉

虽然白蚁和蚂蚁的生活习性相似，但它其实是蟑螂的近亲，跟蚂蚁没有关系。

白蚁

兵蚁

蚂蚁

更意想不到的是，在全世界范围内，蚂蚁一直都是白蚁的天敌。

白蚁是社会性群体生活的昆虫，内部有复杂的组织分工，可分成非繁殖型和繁殖型两大类型。

非繁殖型

工蚁

若蚁

兵蚁

蚁后

蚁王

繁殖型

白蚁能蛀食多种农田作物、经济作物、林木、果树和种苗，也蛀蚀房屋、仓储物资、地下的塑料电缆等，给人类带来巨大经济损失。黑翅土白蚁对江河堤坝的破坏是灾难性的。

通常栖息在海拔4000米的高原

生气时会朝对方喷口水

以高山的棘刺植物为食

长得有点像羊,温顺、胆小

趾之间空隙大,方便它们在岩石上行走

群体生活,平均数十只羊驼组成一个群体

羊驼:
羊驼毛是高级纺织原料

羊驼
分类: 偶蹄目, 骆驼科
食性: 草食性
大小: 体长 1.2～2.2 米
分布: 南美洲, 澳大利亚部分地区

别看我样子长得蠢,我的毛对你们人类来说可珍贵可好用了!

羊驼的毛比羊毛长，富有光泽和弹性，可以制作成各种高级的毛织物。

失宠

而且由于性价比高，羊驼毛已取代羊毛成为最受欢迎的毛料。

羊驼毛除了优良的保暖性和更强的韧性以外，天然毛色的种类也比羊毛丰富。

不同品种的羊驼共有22种毛色。

红棕色

黑白色

黄褐色

除了常见的短毛品种外，还有苏利羊驼，它的毛更长更有光泽。

全身雪白的苏利羊驼极其少见，它们的毛比一般羊驼毛更珍贵、高级。

羊驼喜欢过集体生活，在野外栖息地经常能看到200只以上的羊驼生活在一起。吃草时，群里总要派一只或数只羊驼担任警卫。而且它们还能预知天气变化，每当暴风雨即将到来，"警卫员"就会带领全群转移去安全的地方。

袋鼠尾巴可以帮助平衡, 也能做攻击和防卫的武器

哺乳动物中跳得最高、最远的

通常在夜间活动

小袋鼠一出生就会钻进母亲的育儿袋中

嘀呀

跳跃时移动速度非常快, 速度可达每小时 50 千米

出生七个月后才会开始学着脱离育儿袋活动

袋鼠:
会跳, 但不会走路

袋鼠
分类: 双门齿目, 袋鼠科
食性: 草食性
大小: 身高约 1.5 米
分布: 澳大利亚

虽然我是用一对后肢一起跳跃的. 但跳跃不是我唯一的移动方式. 我还会……爬行。

当袋鼠需要慢速移动时，会用四肢爬行。

袋鼠爬行是用一对前肢和一对后肢前后运动，而不是像一般哺乳动物那样四肢左右交替前进。

爬行时尾巴会提供助力 →

尾巴不仅能在奔跑中帮助袋鼠保持平衡，还能作为武器使用。

多功能尾巴

小袋鼠从小就跟着妈妈学习拳击技巧！
（其实是指用前爪快速击打敌人。）

袋鼠的左爪要比右爪灵活，当它进行梳洗、进食等精细活动时就用左爪。

而做一些类似搏击动作时，就会使用右爪。

小袋鼠是早产儿，出生后要立即进入育儿袋内继续发育，七个月后才开始短时间地离开育儿袋接触外面的世界。小袋鼠在五个月大的时候会因为好奇而从育儿袋探出头来，母袋鼠会把它的头按回去。

世界上现在最
高的陆生动物

头顶有一对
骨质短角

刚出生就有
1.5 米高

哞哞

身上的花纹
由斑点和网
纹组成

雄性长颈鹿在
打斗中经常用
脖子做武器

腿长且强壮,
奔跑速度快

长颈鹿:
平时都是站着睡觉

长颈鹿
分类: 偶蹄目,长颈鹿科
食性: 草食性
大小: 身高可达 8 米
分布: 非洲

我睡得少,每个晚上大
概只睡两个小时,担心
睡太久睡沉了无法及时
应对危险。

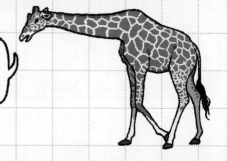

长颈鹿通常是站着睡觉的，并且不需要睡太长时间，闲着的时候打个盹就算睡觉了。

假寐的状态。

当它觉得周围安全的时候会蹲下来睡上一段时间。

它会把脖子转向后面，头靠在屁股上，这是一种完全放松的姿态。

长颈鹿之间的打架叫"脖斗"，它们会甩动脖子，把头部当锤子一样甩出去锤击对方的身体。

角、骨相连

长颈鹿的角十分坚硬，"脖斗"时被锤打真的很痛……

长颈鹿除了用脖子打架，也用脖子表达爱意。它们平常是脾气好、温柔的动物，互相表达爱意时会交颈厮磨。

经常在泥里打滚, 身上泥水晒干后可以防止虫子叮咬

胆小, 爱睡觉

虽然叫黑犀, 但体表颜色接近灰色

雌性的角比雄性的长和细

嘤嘤

短距离奔跑速度可达每小时 52 千米

吃树叶、杂草和掉落在地的果实

黑犀:
即将消失的"荒野武士"

黑犀
分类: 奇蹄目, 犀科
食性: 草食性
大小: 体长 2.2 ～ 4.5 米
分布: 非洲

我是体形大的奇蹄目动物, 脾气比较差, 会主动攻击任何陌生的东西。

黑犀因为头顶尖角，厚厚的皮肤像一层"铠甲"，所以被称为"荒野武士"。

雌黑犀的角更长更细

上嘴唇能卷绕伸缩

方便摘食叶子

黑犀和白犀的肤色差不多，两者的不同在于体形——白犀的角和身量都比黑犀的大。

白犀

黑犀身上会寄生一些讨厌的扁虱，导致皮肤病。而犀牛鸟会停在黑犀的背上帮忙啄食扁虱。

这是黑犀与犀牛鸟之间的共生现象，两者互惠互利。

黑犀面临的生存威胁主要是偷猎和栖息地缩减，人类捕猎黑犀是要获取它们的角。黑犀的数量曾在 20 世纪后半叶急剧下降。

以家族为单位，雌象做首领

皮肤厚实，坚硬

肌肉发达的长鼻子，是大象取食和自卫必不可少的工具

群居性动物

雌象的长牙不外露

膝关节不能自由屈伸

象鼻可卷起重达1吨的物体

嗷哇

大象：可以用脚听声音

大象
分类： 长鼻目，象科
食性： 草食性
大小： 肩高2～4米
分布： 非洲、亚洲

我的声带能发出10赫兹左右的次声波，人类是听不见的。我们大象都用次声波交流，次声波能传播11千米远，是远距离的"悄悄话"。

大象不仅用次声波交流，还可以用脚掌来"听"声音。

遇到次声波传播受限时，象群会一起跺脚制造巨大的声响，而在远方的大象通过脚掌接收声波，声音传至骨骼再到内耳，就这样用脚掌"听"声音。

* 象群跺脚产生的声音可传播 32 千米远。

雌象的怀孕期长达 22 个月，小象出生后 5 年都要跟着象妈妈生活。

大象是红绿色盲，并且视力差，因为眼睫毛太长。

眼睫毛护目

可避免尘土、阳光刺激眼睛。

野外的小象在出生后 1 小时内就必须学会走路。

在东南亚地区，人们驯养大象用来骑乘、劳作和表演等。训练过程往往十分残酷，会对它们的生理和心理造成不可逆的伤害。

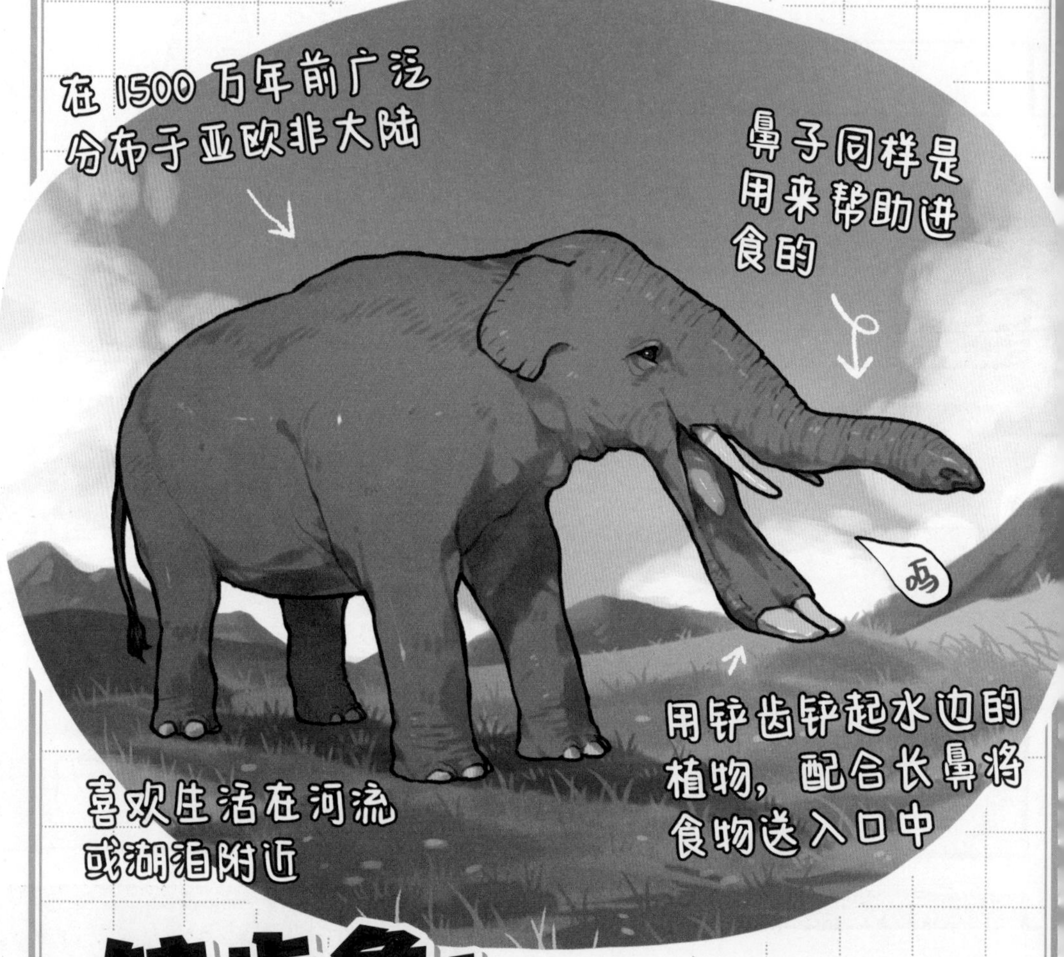
在1500万年前广泛分布于亚欧非大陆
鼻子同样是用来帮助进食的
呜
用铲齿铲起水边的植物，配合长鼻将食物送入口中
喜欢生活在河流或湖泊附近

铲齿象：独特的铲子状下颌

铲齿象

分类：长鼻目，嵌齿象科

食性：草食性

大小：高 2～2.8 米

年代：中新世

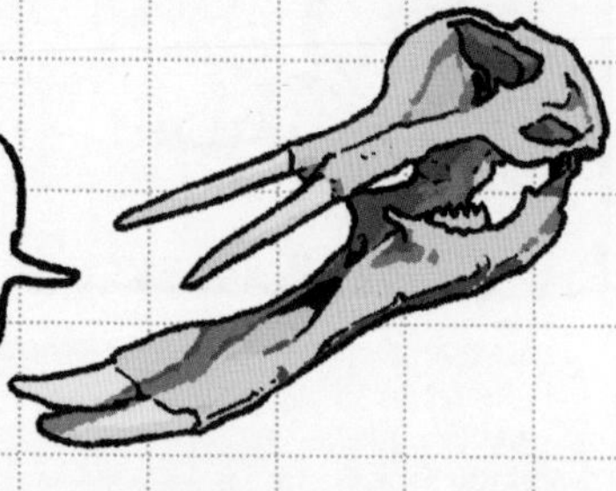
铲齿状的下颌对我来说就是非常方便的吃饭“神器”，但放到如今来看，我长得有点怪，还有点丑……

铲齿象生活在水边，除了吃水生植物，
它也会啃食树皮。

世界上第一具完整的铲齿象
化石发现于中国宁夏的中新
世地层中。

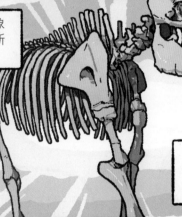

随后世界各地都发现了铲齿象
化石，这说明它在中新世广泛
分布。

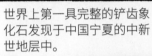
其他外表奇特的远古大象。

恐象
牙　齿：下弯獠牙
体　形：★★★★

剑齿象
牙　齿：长约3米
体　形：★★★☆

猛犸象
牙　齿：长约1.5米
体　形：★★☆

铲齿象的铲齿可以割断水生植物，也能剥树皮。巨大下颌前端的两颗
扁平长牙，可以挖地取水，或者打架防卫时当作武器。

能进化出"智慧"的动物

要想进化成像人一样的高级智慧生物，应该具备会使用火、会制造和使用工具以及具有高度的社会性这三个特征。开个"脑洞"，如果当初不是古猿进化出智慧，而是其他动物，可能会是哪种动物呢？

物种：老鼠
优势：繁殖、适应能力非常强，杂食性
劣势：脑容量较低
潜力：★★★

物种：章鱼
优势：智商较高，能使用工具解决问题
劣势：寿命太短（平均三年寿命）
潜力：★★

物种：虎鲸
优势：脑容量较大，智商高，群体高度社会化
劣势：没有灵活的四肢操作工具
潜力：★★★★

祖先跟后代"两模两样"

物种演化非常有趣，我们如今熟悉的动物可能拥有让人大呼不可思议的祖先。

古猫兽

> 古猫兽生活在四千万至五千万年前的森林，它是狮、虎、豹、猫、狗等现代普通陆生肉食性动物的祖先。

安氏中兽

> 安氏中兽可能是最大的陆上哺乳肉食性动物，它生活在四千万年前，是河马和鲸鱼的近亲。

厚针龙

> 厚针龙是一种已灭绝的古代有足蛇，它有四肢，是现代蟒、蚺的祖先。它也证明了蛇类最开始是有四肢的。

通过想象合成一只怪兽①

让我们发挥想象力，"合成"小怪兽。

如果你跟我一样喜欢猫咪，那么试试给它配上一对可爱的兔耳朵。

接着让它拥有一个结实有力的身体，怎么样？

它的颜色和尾巴能不能像狐形长尾鲨那样张扬又优雅呢？

还不够、还不够！再给它加上一对小小的、可爱的角。

通过想象合成一只怪兽②

这次挑战"合成"一只有点凶猛的小怪兽。

一只凶恶的小象，会是什么样子的呢？

试试让它拥有一个灵活的野兽身体？

结合云豹的尾巴和毛发，它会变成一只敏捷的肉食性动物。

最后给它加上深邃的黑眼圈，一只充满野性的小怪兽出现了！

探险小剧场05

不错，我要了

在野外露营过夜，点起火堆很有必要，它能提供热量驱散寒冷，还能吓退一些夜行性动物，以免被骚扰。

探险小剧场06

快进来躲躲吧

沙漠白天的地表温度可达到80℃。

太热了!

我们赶紧找个阴凉的地方吧……

发现一个地洞,我们快进去躲躲吧!

等一下,可能是陷阱哦!

洞里伸出了什么东西?

好可怕!

伸出

外面阳光这么毒,你们还在闲逛?

快进来躲躲吧。

阿拉伯狼意外地友善呢……

最好将火堆设置在提前挖好的坑里,这个坑需要距离帐篷大概一米,不远不近,能方便我们半夜醒来增添木柴。

第四章
走入绵延山川

接下来是山川!

爬山?

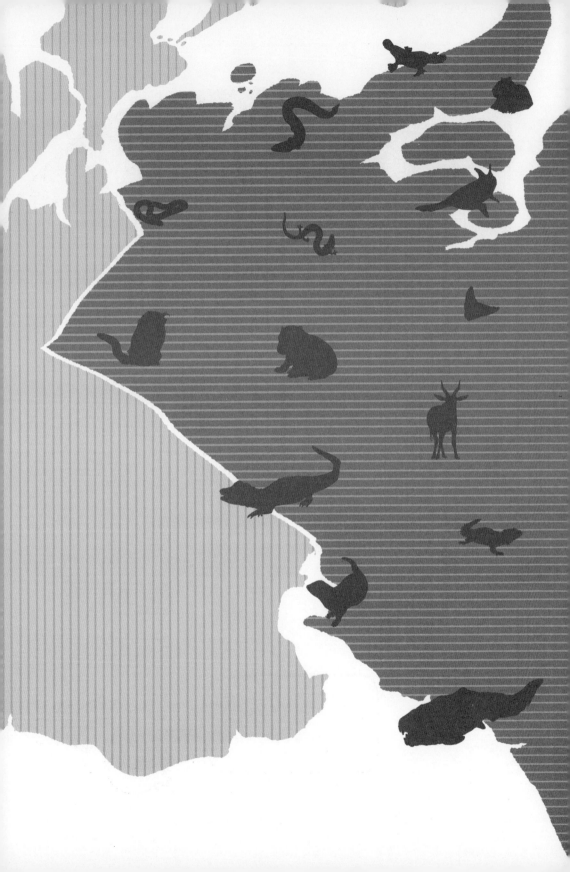

欧洲唯一的穴居脊索动物

眼睛已退化

因为肤色呈白色、粉红色，被当地居民称为"人鱼"

有三对红色的羽状外鳃

不吃东西也能活6~10年

身上的感受器能敏锐接收化学信号与电信号，捕捉猎物

洞螈："龙"的幼崽

我是目前人类已发现的长得最接近传说生物中国龙的动物，所以有人也叫我"龙的幼崽"。我最突出的能力是可以长时间不吃饭。

洞螈
分类： 有尾目，洞螈科
食性： 肉食性
大小： 体长约30厘米
分布： 斯洛文尼亚、黑山

洞螈是一种活在黑暗中的动物，终生生活在地下水形成的暗洞内，所以虽然有眼睛，但视觉神经早已退化。

终生保持幼年时的外貌。

眼睛隐藏在皮肤下，没有视力。

从现有的统计数据看，洞螈没有明确的生命周期，科学家猜测它可能能活 100 年以上。

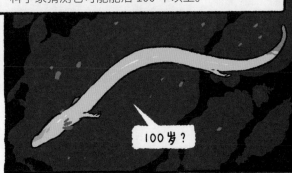

100 岁？

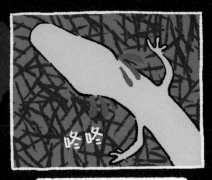

咚咚

洞螈的心脏每分钟只跳动两次。

一旦爬出洞穴，接触阳光，它的体表颜色会快速变成褐色。但回到黑暗处又会变为原来的灰白色。

变色

如果洞螈长期生活在有光照的地方，肤色将会变深，眼睛会重新从皮肤下露出来。

但这双眼睛并不完整，缺失重要的视神经，仍然是没有视力。

洞螈不进食还能长时间生存下来，有两个原因。一是洞螈生活在洞穴中，洞穴中的温度较低。二是洞螈新陈代谢的速度很慢，不需要消耗什么能量，所以它们不进食也不会轻易死亡。

长得像蠕虫又像蛇, 但跟两者都无关

身体表面有许多一节节的体环

皮肤上会渗出一种黏液, 手感非常滑溜

有一对小眼睛, 藏在皮肤下

眼睛与鼻孔之间有一对可以伸缩的触须

成年蚓螈以无脊椎动物为食, 有些幼崽以母亲皮肤为食

蚓螈: 特大号"蚯蚓"

虽然我比蚯蚓大得多, 但因为长期生活在地底, 所以一般情况下人类是很难发现我的. 人类想要抓住我, 要花好几小时小心挖掘.

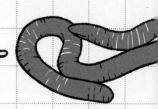

蚓螈

分类: 无足目, 真蚓科

食性: 肉食性

大小: 体长 10 ～ 150 厘米

分布: 东南亚、南亚、非洲等

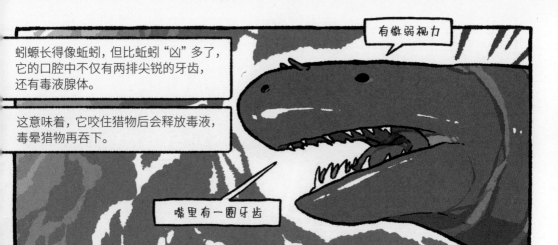

蚓螈长得像蚯蚓，但比蚯蚓"凶"多了，它的口腔中不仅有两排尖锐的牙齿，还有毒液腺体。

这意味着，它咬住猎物后会释放毒液，毒晕猎物再吞下。

有微弱视力

嘴里有一圈牙齿

大多种类的蚓螈是穴居，栖息在水源附近的潮湿洞穴里。

只有南美洲的盲游蚓科是水栖的水生蚓螈。

到此，我们认识了三种长相和习性都很相似的不同物种。

蚯蚓

单向蚓目
正蚓科

卡拉细盲蛇

有鳞目
细盲蛇科

蚓螈

无足目
真蚓科

有些种类的蚓螈用自己的皮肤喂养幼崽，这是一种古老的喂养方式。皮肤上的营养物质与牛奶相似，可以让幼崽成长。而被吃掉的皮肤，绝大多数能重新长出来。

是放电能力最强的淡水鱼, 输出电压为 300～800 伏

放电的器官在身体两侧

身体周围有弱电场, 帮助它探知环境

在空气中放电会波及自身, 在水中则不会

体形大, 行动迟缓, 时不时浮出水面吞入空气呼吸

电鳗: "电气"三兄弟

电鳗
分类: 电鳗目, 裸背电鳗科
食性: 肉食性
大小: 体长 1～2.5 米
分布: 亚马孙河流域

除了人类, 我几乎没有天敌。即使鳄鱼, 我也能在水里仅用几秒钟电死它。

电鳗是放电能力最强的淡水鱼类，在水中 3～6 米范围内能产生足以将人击昏的电流强度。

它没有肺也没有鳃，会像鲸鱼那样浮出水面通过嘴里的褶皱吸收空气中的氧气。

虽然名字里有"鳗"，但在生物分类上，它更接近鲶鱼。

电鲶

"电鳗"可划分为三个物种——普通电鳗、伏打电鳗和瓦氏电鳗。

普通电鳗

输出电压 480 伏

瓦氏电鳗

输出电压 572 伏

伏打电鳗

输出电压 860 伏

电鳗生活的水域多数是混浊且水流缓慢的。这样的环境下它不太需要视力，所以眼睛很早就退化了，依靠微弱的电流探知周围环境，所以电鳗身上的电路实际上是长时间打开的。

体表光滑
没有鱼鳞

3亿年前石炭纪
时代已经存在

能活30年
以上

原产美国密西西比
河流域，是淡水鱼

吻部像汤匙形状，
看着像鸭嘴

吃

长吻鲟：
从3亿年前存活至今

长吻鲟
- **分类：** 鲟形目，匙吻鲟科
- **食性：** 肉食性
- **大小：** 成年后体长可达2米
- **分布：** 美国北部、中部地区

我在恐龙出现前就已存在，
并一直活到现在，是如今为
数不多的"活化石"原始物种。

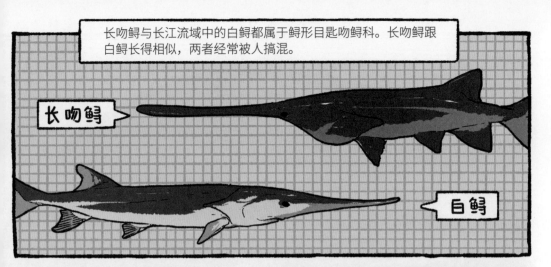

长吻鲟与长江流域中的白鲟都属于鲟形目匙吻鲟科。长吻鲟跟白鲟长得相似，两者经常被人搞混。

长吻鲟

白鲟

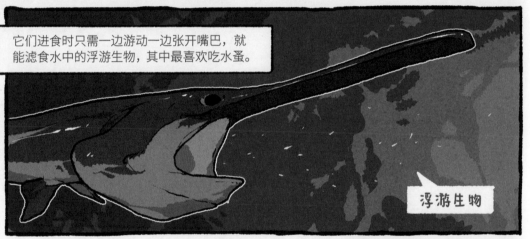

它们进食时只需一边游动一边张开嘴巴，就能滤食水中的浮游生物，其中最喜欢吃水蚤。

浮游生物

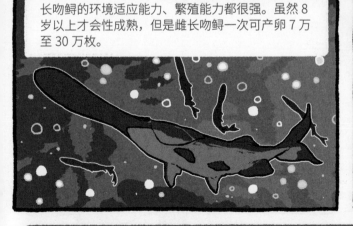

长吻鲟的环境适应能力、繁殖能力都很强。虽然 8 岁以上才会性成熟，但是雌长吻鲟一次可产卵 7 万至 30 万枚。

???

还有一种同样长着"鸭嘴"的奇怪动物，虽然繁殖方式是产卵，它却是哺乳类动物……

长吻鲟肉质细嫩，含有丰富的胶原蛋白、多种维生素和氨基酸，具有很高的营养价值，在美国和欧洲是深受欢迎的食物。中国在 1988 年首次引入长吻鲟养殖。

少见的卵生
哺乳动物

浑身长满柔
软的皮毛

嘴巴和带蹼的掌
像鸭子，身体和
尾巴像海狸

雄性鸭嘴兽脚掌
下面的小倒钩能
分泌毒素，用来
捕猎和自卫

足蹼比爪子
更长

鸭嘴能从淤泥
中挖出猎物

鸭嘴兽:
竟然能发出荧光

鸭嘴兽
分类: 单孔目，鸭嘴兽科
食性: 肉食性
大小: 体长 40～50 厘米
分布: 澳大利亚东部

我可是原始的哺乳动物
之一，早在 2500 万年
前就生活在地球上。

当紫外线光照在鸭嘴兽身上，它浓密、防水的皮毛会发出蓝绿色的荧光。为什么能发出荧光，目前科学家还未找到合理的答案。

分泌毒素

雄鸭嘴兽的后腿上各有一根能分泌毒素的空心骨头。

鸭嘴兽不像其他哺乳动物有明显的乳头，它们的乳汁是从腹部的泌乳孔分泌出来的。小鸭嘴兽要趴在母亲腹部上吸食乳汁。

适合划水

掌部趾间的蹼十分宽大，很适合划水。

生活在 2.48 亿年前的卡洛董氏扇桨龙与鸭嘴兽有相似的外形和习性。

我的祖先好帅！

相似的"鸭嘴"

科学家认为它或许就是鸭嘴兽的祖先，或者说两者是近亲。

鸭嘴兽不仅是少见的卵生哺乳动物，还是为数不多的有毒哺乳动物，也是少数拥有电磁感应能力的哺乳动物。鸭嘴兽的独特性使它成为演化生物学研究的重要对象。

喜欢栖息在林木繁茂的溪河边

白天藏在洞穴, 夜间出外活动

主要捕食鱼类, 也吃小鸟、蛙类和甲壳类动物

嘤嘤

游泳时, 后肢和尾巴拍水推动前进, 起到舵的作用

潜水能力也很了得

水獭:
教水獭宝宝游泳和捕鱼

水獭
分类: 食肉目, 鼬科
食性: 肉食性
大小: 体长 56～80 厘米
分布: 亚洲、欧洲和非洲

我们每胎生 1～5 只幼崽, 必须认真教每一只学会游泳和捕猎, 不然怎么放心让它们独立生活呢?

水獭幼崽出生 8 周后开始学习游泳。如果幼崽在岸上畏缩不前，水獭妈妈会把它们带下水，亲自示范。

好了。

下水吧。

简单吧？

幼崽大约学一周时间就能游得很好，随后开始学习捕鱼。

水獭游泳很快，也擅长潜水，在水下潜游可持续四五分钟，在水中上浮下潜和转向都十分灵活。

遇上危险会像海豚一样跃出水面。

水獭不擅长在陆地上行走，主要用腹部贴着地面匍匐前进、滑行、跳步。

走路好累！

除了林木繁茂的溪河地带，水獭还常常会到海中捕鱼，因此，靠近海岸的一些小岛屿也有水獭生活的踪迹。

水豚性格"佛系"，不爱计较，所以即使其他动物把它当肉垫坐，它也不为所动。

经常能看见一些鸟类停留在它身上。

呆滞

除了好脾气，还有一个原因使其他动物围绕在它身边——它的便便非常好吃。

它的粪便中含有丰富的营养物质、纤维，其中粗蛋白含量高于 15%，连美洲豹和鳄鱼都会吃水豚的便便来促进消化。

期待

比起便便，肉食性动物更喜欢它的肉质……

在野外它有许多天敌，比如美洲豹、鳄鱼、蟒蛇。

无所谓了，吃我吧。

水豚主要吃野生的水生植物，有时也混在家畜群中吃牧草，偶尔还吃水稻、甘蔗和瓜类，啃咬小树嫩皮，所以在一些人眼里，它们是有害动物。

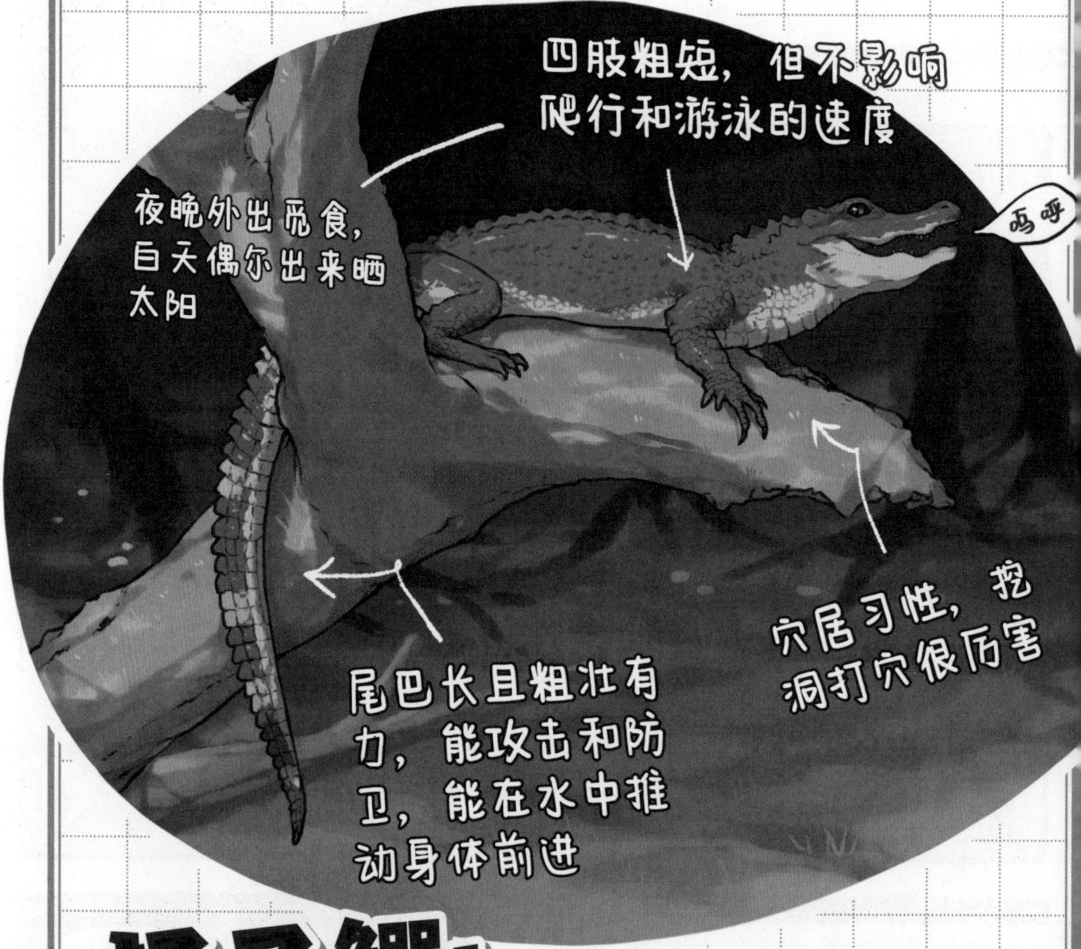

四肢粗短，但不影响爬行和游泳的速度

夜晚外出觅食，白天偶尔出来晒太阳

呀呀

穴居习性，挖洞打穴很厉害

尾巴长且粗壮有力，能攻击和防卫，能在水中推动身体前进

扬子鳄：
虽然胆小，但不能小看它

我是有点胆小，但不代表好欺负！要是招惹我，你可会后悔哦！嘤嘤嘤……

扬子鳄

分类： 鳄目，鼍科
食性： 肉食性
大小： 体长 1.5～2.1 米
分布： 中国长江下游

扬子鳄属于小型鳄类，平均体长为 1.5 米，跟其他鳄鱼的体形相比就是迷你的鳄鱼。

平均体长3.7米

迷你

尼罗鳄

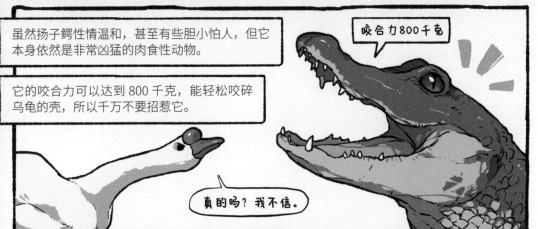

虽然扬子鳄性情温和，甚至有些胆小怕人，但它本身依然是非常凶猛的肉食性动物。

它的咬合力可以达到 800 千克，能轻松咬碎乌龟的壳，所以千万不要招惹它。

咬合力800千克

真的吗？我不信。

扬子鳄幼崽的体表有橘红色的横纹，色泽鲜艳，明显不同于成年鳄。

扬子鳄是我国一级保护动物。

以前还未实现人工繁育时，野生扬子鳄的数量比野生大熊猫还少。

扬子鳄早在甲骨文中就有记载，古人称其为鼍（tuó），民间俗称"土龙"或"猪婆龙"。《诗经》中有"鼍鼓蓬蓬"的诗句，意思是鼍叫起来像敲鼓发出的"砰砰"声。

除了嘴边、耳朵
内侧和尾巴有长
毛，其他地方光
滑无毛

喜欢独来独往，
出没在湿润的森
林和沼泽地带

短小的
尾巴

嘴巴可张
达90度角

身躯庞大，四肢
短，行动笨拙

咕咕

河马的体重是倭河
马的七八倍

倭河马:
分泌红色的天然防晒剂

因为我的皮肤非常敏感，
长时间离开水会干裂，所
以一定要时常泡在水里并
且注意防晒。

倭河马
分类: 偶蹄目，河马科
食性: 草食性
大小: 体长 1.5～1.7 米
分布: 非洲西部

它的皮肤能分泌像汗水一样的红色黏稠液体，这是天然防晒剂，并且能让皮肤保持湿润。

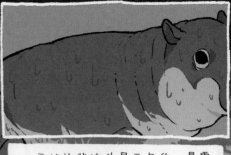

一开始这些液体是无色的，暴露在空气中会逐渐变成红色，最后与身体的颜色融为一体。

这些"汗水"还能抗菌、防蚊虫，免受蚊虫叮咬的困扰。

抗菌

防虫

保护层

倭河马生活在植被茂盛的热带雨林，高大密集的树木也能"防晒"。

待在水中也非常有助防晒和保持皮肤湿润。

倭河马很擅长潜水，它们有一套特殊的肌肉组织，能像阀门一般灵活开闭。在潜水时它们会将耳朵和鼻孔关闭起来，每次潜水时间为 5～10 分钟。

雌雄牛羚都长有一对黑色长角

体色由巧克力似的褐色跟醒目的白色组成

雄牛羚更是会用长角打斗

不擅长跳跃

群居动物,白天活动

雄牛羚会用粪堆标记和划分领地

白纹牛羚:
尴尬地避免了灭绝

白纹牛羚
分类: 偶蹄目, 牛科
食性: 草食性
大小: 体长约 1.6 米
分布: 非洲南部

我们白纹牛羚曾经濒危,差点灭绝,数量一度剧减到两位数。后来因为某个原因存活下来了,但我并不想说是什么原因……

白纹牛羚由于遭到猎杀,在南非野外的数量曾一度减少到 17 只。

为了保护最后的 17 只白纹牛羚,1931 年人们对它们进行围栏圈养。

白纹牛羚不擅长跳跃,无法越过最简易的牲畜围栏。

因为这样,它们躲过了灭绝的厄运,数量逐渐恢复。

它们的长角是攻击和自卫的重要武器。雄性之间的激烈打斗是可能致命的。

幼崽出生时是浅棕色的皮毛和深色的脸颊,与成年后明显不同。

幼崽

白纹牛羚白天活动,通常是上午和下午吃草,中午和晚上休息。它们每天都需要喝水,因此在旱季,它们只会活动在距离地表水源 1.5 千米的范围以内。

耳尖的簇毛长达
5厘米, 搭配白色
的耳缘非常可爱

栖息于热带雨
林或季雨林

树栖动物,
日常在树上
活动

喂

尾巴能缠绕物体,
是同科动物中的
特例

夜行性
动物

熊狸:
身上有爆米花的香味

我会用长在会阴的腺体摩
擦树干、树枝留下气味标
记领土, 或以此跟同伴进
行嗅觉交流。我们的气味
的确是很香的。

熊狸

分类: 食肉目, 灵猫科
食性: 杂食性
大小: 体长60～80厘米 (不含尾巴)
分布: 东南亚、中国云南

熊狸是灵猫科中唯一尾巴有抓握功能的动物，它甚至可以用尾巴卷住树枝吊在半空中。

除了腺体，它的尿液也含有类似爆米花香味的物质，它也会用尿液来标记领地。

爆米花香气

当它无法获得足够的肉食时，可能会吃自己的幼崽……

冷、冷静点！

流口水

另一种吃掉幼崽的情况是它认为周围很危险，为了避免幼崽被其他动物吃掉，就……

这合理吗？

因此在野外熊狸幼崽的存活率非常低。

熊狸与同类交流主要通过气味和叫声。它能发出啸叫声、咕噜声、嘶叫声。开心的时候，它的叫声像咯咯的笑声；不开心的时候它会高声哀鸣。

体表布满巨大
的暗黄色鳞片,
像一副盔甲

群居习性,
通常白天
活动

生活在砂岩
地区, 在岩
堆栖息

遇到危险可以
断尾逃生

喜欢晒太阳,
不喜欢水

南非犰狳蜥:
拥有一身帅气的盔甲

南非犰狳蜥

分类: 有鳞目, 环尾蜥科
食性: 肉食性
大小: 体长约20厘米
分布: 非洲南部

我身上的鳞片会像盔甲一样
保护我。遇到敌人时, 我会
卷成一团用尖锐的鳞片应
敌。

它长相凶猛，实则胆小，受到惊吓便迅速钻进岩石缝隙中躲起来，要是被抓到会立马卷成一团。

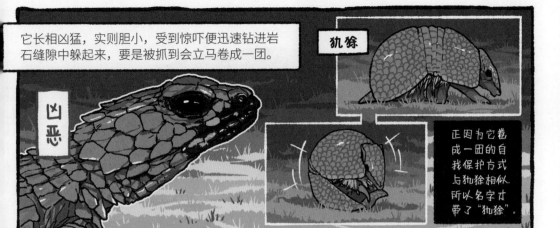

凶恶

犰狳

正因为它卷成一团的自我保护方式与犰狳相似，所以名字才带了"犰狳"。

它会用嘴巴咬住尾尖，将身体卷成一团，这样既能保护柔软的腹部，又能让敌人无从下口。

滚动逃跑

它甚至还会以这种姿势从山坡上迅速滚走、逃跑。

紧急情况下它还能断尾求生，趁机逃跑。

*可再生。但新尾巴会比原来的短小。

同样拥有"断尾求生"技能的动物还有壁虎、响尾蛇、蚯蚓等。而螃蟹和章鱼则是"断足求生"。

研究人员用硬度计测量，得知南非犰狳蜥鳞片的硬度达到86，而石头的硬度是58.5。换句话说其他动物去咬南非犰狳蜥，是咬比石头还硬的东西，咬不动的话它们会毫不犹豫地吐出来。

身体扁平

二叠纪代表性物种

尾巴细长，方便游泳或者防御

两个小眼睛在头部前端

头部像三角箭头，也像一顶斗笠

笠头螈: 长得像斗笠的怪异头部

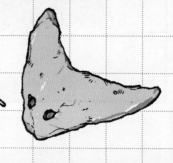

笠头螈
分类: 两栖纲
食性: 草食性
大小: 体长 0.6～1 米
分布: 二叠纪的水边

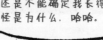

因为我的头形状过于奇特，古生物学家提出许多猜想，还是不能确定我长得这么奇怪是有什么。哈哈。

笠头螈的头部像三角箭头一样，左右突出部分比身体还要宽，整体形状怪异。

三角头骨

长得这么奇特到底有什么用处呢？学者们有以下几种推测。

①较宽的头部可以在水流经过时获得较大的上升力，方便浮潜。

上浮

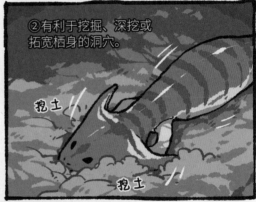

②有利于挖掘、深挖或拓宽栖身的洞穴。

挖土

挖土

③这样的头部不利于捕食者吞食，会卡住对方的嘴巴或喉咙，从而保护自己。

你再不把我吐出去，场面会变得很尴尬。

像笠头螈这样长相奇特的壳椎类动物在二叠纪还有许多。它们在石炭纪后期开始向两个方向进化，一支进化成体形细长的鳗鱼状或蛇形两栖动物；另一支则是身体和头骨都向着扁平、宽大的方向发展。

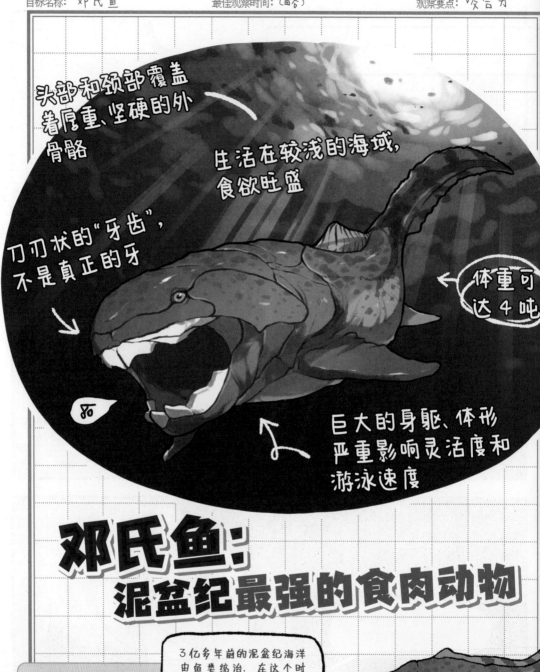

头部和颈部覆盖着厚重、坚硬的外骨骼

生活在较浅的海域，食欲旺盛

刀刃状的"牙齿"，不是真正的牙

体重可达4吨

巨大的身躯、体形严重影响灵活度和游泳速度

邓氏鱼：
泥盆纪最强的食肉动物

3亿多年前的泥盆纪海洋由鱼类统治。在这个时期，最早的鲨鱼出现了，但它们掀不起风浪，因为有我这个霸主在。

邓氏鱼

- **分类：** 节甲鱼目，恐鱼科
- **食性：** 肉食性
- **大小：** 体长8～10米
- **分布：** 志留纪晚期至泥盆纪的海洋

庞大的体形和坚硬的骨板使邓氏鱼成为了统治泥盆纪海洋的霸主。

它捕食任何海洋生物，除了同类没有天敌。

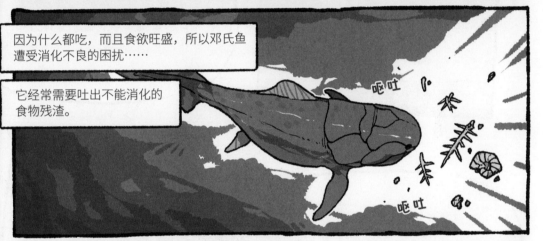

因为什么都吃，而且食欲旺盛，所以邓氏鱼遭受消化不良的困扰……

它经常需要吐出不能消化的食物残渣。

它被认为是咬合力第二强的史前鱼类，咬合力可达 5300 千克，几乎能够咬碎任何东西。

现存动物中咬合力最强的是美洲鳄，咬合力可达 1905 千克。

5300 千克

* 咬合力最强的史前鱼类是生活在距今 2300 万至 300 万年前的巨齿鲨。

1905 千克

1800 千克

452 千克

虽然邓氏鱼是肉食性鱼类，但其实它没有牙。我们看到它长得像牙一样的东西是吻部的头甲赘生，即头部外骨骼的一部分，非常锐利，几乎能咬碎、咬断任何东西。

长寿动物大揭秘

地球上有些动物的寿命超乎我们想象，或许还存在能活几百年的动物，我们暂时未发现而已。一起来看看哪些动物超长寿！

白头鹤的寿命虽然只有 60 年左右，但是在鸟类当中算得上相当长寿了。

生物学家推测部分弓头鲸的寿命可达 150～200 年，最终可长到 20 米长，100 吨重。

楔齿蜥长到 10 岁才算成年，直到 35 岁身体才会停止生长。但它不着急，因为它可以活到 120 岁以上。

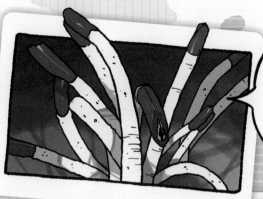

深海管虫生活在海底火山热泉喷出口附近，它静静地待在海底，能活 200 年以上。

生活在深海的格陵兰鲨生长速度缓慢，一年才长 1 厘米，生长 150 年才算完全发育成熟，平均寿命有 300 多年。而它的近亲太平洋睡鲨则可活 400 岁。

北极蛤生活在北大西洋，它的寿命比我们想象中长得多，有 500 年以上。

黑珊瑚是世界上已知最古老的珊瑚品种，它的寿命普遍超过千年，已发现最长寿的有 4000 多岁。

注：珊瑚是动物，不是植物。

短命动物有哪些

看完长寿动物，也来关注一下大自然中"昙花一现"的短寿动物。虽然一生短暂，但它们也过得充实。

生活在亚欧大陆和北美地区的赤狐十分常见，平均寿命为 5 年，它们总是忙碌地猎食和繁殖。

喜欢独来独往的大林姬鼠寿命只有 2 年。更惨的是它们的生活环境中存在许多天敌，想要活到 2 岁也不容易。

勤劳的蜜蜂，寿命也很短，工蜂通常只能活 90 天，它们会全力以赴地工作，直到生命的最后一刻。

讨厌!

招人讨厌的蚊子寿命还不够短，特别是会吸血的雌性蚊子能活60天，而只吸食花蜜不叮人的雄性蚊子则能活10天左右。

生命力极顽强的水熊虫能在各种严酷环境中存活下来，但是它本身寿命很短，通常只有30天左右。

蜉蝣是一种原始而美丽的昆虫，成虫的生命只有短短1天。成语"朝生暮死"形容的就是蜉蝣……

草履虫是最原始的原生动物，它们通常生活在池塘、沼泽里，寿命只有短短的半天甚至几个小时。

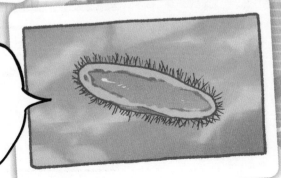

探险小剧场07

要出生了

捡到的。

我要亲自把它孵出来!

又不是你的蛋,放生它吧。

对啊,我有预感它很快就会出来了。

你要一直抱着它吗?

有动静了。

我的小宝宝要出生了!

来了!

快把它放生。

大山中下完雨后往往大雾弥漫,能见度骤然降低,对登山造成不便,所以不要在雨后入山。

探险小剧场08

加油站起来

象宝宝刚出生就必须学会走路！否则就不能跟上象群！

这只象宝宝正在努力站起来！

注意看，它颤抖地站起来了！

能成功吗？

失败了！它没有站稳！

但这不过是第一次尝试！

没关系的，加油！

许多人以为登山比下山累，其实下山才更耗费体力。

再尝试一次吧！

只要坚持不懈！你一定能成功站起来并学会走路的！

激情解说中

第五章
飞向天空，跟鸟儿们肩并肩

狐几快跑！这里的鸟都很凶哦！

喜欢群居

是世界上飞行速度最快的鸟, 速度可达每小时418千米

通常栖息在海岸的树林里, 以鱼、软体动物、漂在水面的水母为食

呱嗒

大型热带鸟类, 翅膀大, 身体小, 腿又短又细

雄军舰鸟有红色喉囊, 在繁殖期会鼓起喉囊求偶

军舰鸟:
害怕水的海上"强盗"

军舰鸟
分类: 鹲鸟目, 军舰鸟科
食性: 肉食性
大小: 体长0.75～1米
分布: 热带、亚热带海滨和岛屿

虽然我飞得快, 飞得高, 飞行技术高超, 但我下不了水……

观察员: 狐儿

军舰鸟的羽毛不像其他海鸟的羽毛能防水，它要是不小心掉到水里是会淹死的。

所以它没有潜水捕鱼的能力，只能捕食一些靠近水面的鱼。

红脚鲣鸟

擅长潜水

哎呀，原来你不能潜水捕鱼啊？

没关系。

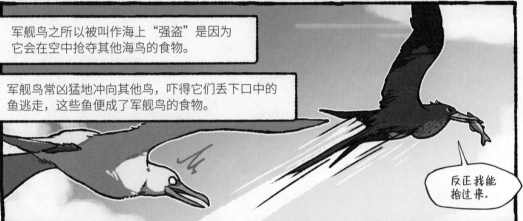

军舰鸟之所以被叫作海上"强盗"是因为它会在空中抢夺其他海鸟的食物。

军舰鸟常凶猛地冲向其他鸟，吓得它们丢下口中的鱼逃走，这些鱼便成了军舰鸟的食物。

反正我能抢过来。

繁育期内，雄军舰鸟负责觅食，雌军舰鸟负责看护雏鸟，保护它们不被其他军舰鸟吃掉。

饿！

饿！

饿！

雄军舰鸟在繁殖期间喉囊会变成鲜艳的绯红色，并且会胀圆。在雌军舰鸟下蛋后，雄军舰鸟的喉囊才会慢慢瘪下去，变回原来的暗红色。

喜欢栖息在靠近
湍急溪流的林中
沟谷地带

头顶长了一个盔突，
前缘形成两个角状
突起，像古代武士
的头盔

雄双角犀鸟长
30厘米长的大

嘎！

长寿鸟，寿命
可达50年

主要吃野果，也
吃昆虫、鼠类、蜥
蜴和蛇

繁育期间独来独往，
除此以外成群活动

双角犀鸟：
为养家糊口操碎心

双角犀鸟
分类： 佛法僧目，犀鸟科
食性： 杂食性
大小： 体长 1～1.2 米
分布： 中国、印度、缅甸等亚洲国家

繁育期内，全家的口粮都
由我负担，所以我每天要
不停觅食，不停把食物带
回巢给老婆、孩子。

　　　　　　　　　　　　观察员：狐几

雄双角犀鸟的盔突比雌双角犀鸟的大，虹膜是深红色的；雌双角犀鸟的虹膜则呈亮白色。

雌性

雄性

雌双角犀鸟下蛋后会一直待在树洞中照顾雏鸟，雄双角犀鸟则负责觅食养家。

这时候巢穴只留一个极小的洞口，仅供雌双角犀鸟把鸟喙伸出接食，十分隐蔽、安全。

我继续去找食物回来！

为了我和孩子辛苦你了！

看起来笨重的鸟喙其实可以灵活地采摘浆果，也能轻而易举地剥开坚果。

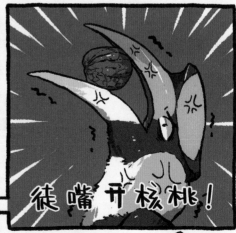

徒嘴开核桃！

犀鸟是有名的爱情鸟，是为数不多的感情专一的鸟类，一旦相爱就相伴一生，双角犀鸟是其中的代表。

喙上没有鼻孔，直接用嘴巴呼吸

哴

雌蓝脚鲣鸟的瞳孔比雄蓝脚鲣鸟的大

喉囊发达，可存储食物

捕鱼本领高，能潜水捕鱼

惹人注目的蓝色大脚上长有蹼，方便游泳

蓝脚鲣鸟：穿着蓝色靴子的海鸟

蓝脚鲣鸟
分类： 鹈形目，鲣鸟科
食性： 肉食性
大小： 体长约80厘米
分布： 热带海洋的岛屿

醒目的蓝色大脚丫是我最显眼也是我最引以为傲的特征！是不是很羡慕吗？

　　　　观察员：干嘛鸦

蓝脚鲣鸟有蓝色蹼是因为它们经常捕食沙丁鱼。

来自沙丁鱼的类胡萝卜素在进入蓝脚鲣鸟体内后，与一些特殊的蛋白质结合，才使它们的蹼呈现蓝色。

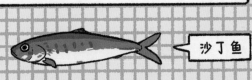

沙丁鱼

它还会用蓝色的大脚保护蛋，为蛋保持合适的孵化温度，直到雏鸟破壳。

好蓝的脚丫！

雄蓝脚鲣鸟

雄蓝脚鲣鸟的脚颜色越鲜艳越健康，也越受雌蓝脚鲣鸟的青睐。

它们会俯冲入水捕鱼。由于入水时冲击力很大，所以它们进化出非常坚硬的头部。

但是如果入水的角度或位置不对，它们有可能折断脖子丧命。

蓝脚鲣鸟和红脚鲣鸟长得相似，它们的双脚都非常抢眼。

雄蓝脚鲣鸟在求偶期会极力展示自己的脚——一边弓背，一边抬起一只脚，进行单腿跳，从一只脚到另一只脚，就是要确保雌蓝脚鲣鸟能全方位欣赏它的双脚，以取得交配权。

尾羽能四散
张开，像孔
雀那样

咯咯！

雄艾草松鸡的颈
部有两个能鼓起
来的黄色气囊

胸前的白色
羽毛也十分
抢眼

双脚强健，
方便行走和
挖掘食物

以昆虫和
植物为食

艾草松鸡：
喜欢展示自己的"胸肌"

艾草松鸡
分类： 鸡形目，松鸡科
食性： 杂食性
大小： 身高 48 ～ 76 厘米
分布： 北美洲西部

求偶时，我不仅要把颈上
的两个气囊涨得又大又圆，
还要搭配叫声和跳舞来抖
动气囊，一跳就是几个小
时，也累……

雄艾草松鸡在求偶时会鼓起、不断抖动那两个像胸肌的黄色气囊，还会展开扇状尾羽，以此来吸引雌艾草松鸡的注意力。

威武

雄艾草松鸡展示气囊是为了表现自己身体健康。如果它生病了，气囊会从黄色变成暗红色，甚至没办法鼓起来。

这样的"胸肌"得不到雌艾草松鸡的青睐。

艾草松鸡擅长飞行，但通常不飞，

只有在遇到危险的时候它才会飞起来，在树丛中滑翔。

雄、雌的体形对比

雌艾草松鸡因为体形更小，所以飞行能力也更好。

雄艾草松鸡通常是聚集一起进行求偶。这样也变相为它们的天敌提供了捕食机会。当艾草松鸡忙着抖动两个气囊时，狼、山猫、美洲獾等猛兽闻声而来，捕猎由于求偶太累、太专注而来不及逃跑的雄艾草松鸡。

主要吃种子和植物，也吃一些昆虫

头颈部像秃鹫，所以名字带"鹫"

能飞，但喜欢行走在地面觅食

雌、雄鹫珠鸡外相似，羽毛上都布满白色斑点

修长强壮的双腿使它擅长在灌木丛中奔跑

15～30只成年鹫珠鸡群居生活

鹫珠鸡：
穿着华丽的"秃鹫"

鹫珠鸡

分类：鸡形目，珠鸡科
食性：杂食性
大小：体长约61～70厘米
分布：非洲东北部

虽然名字带"鹫"，长得有点像秃鹫，但跟秃鹫真的没有关系。我是珠鸡科中体形最大的走禽。你看我羽毛上的斑点，是不是很像珍珠？

　　　　　　观察员：怖怖

鹫珠鸡的羽毛颜色相当鲜艳、华丽，除了裸露的头颈部看起来跟秃鹫相似。

秃鹫的头颈部。

虽然它们拥有高超的飞行能力，但长期的陆栖生活已经让它们忘了这一点。遇到危险时，比起飞起来躲避，它们更习惯四散奔逃。

明明会飞却坚持用腿逃跑！

鹫珠鸡繁殖期只跟一个对象交往。雌鹫珠鸡每次产卵7～18枚。雏鸟呈灰褐色，出生两周后就能飞了。

雏鸟的羽毛需要一年时间才会变得鲜艳起来。

结成群体活动的鹫珠鸡，它们之间的关系是很稳定的，一同栖息，一同觅食。尽管在繁殖期，一些成员会短暂离开，但繁殖期结束后，它们又会回到群体里。

呵 呵——

头顶没有长羽毛, 呈现的鲜红色是皮肤下充盈的血管造成的

爱吃鱼、虾, 也吃一些水生昆虫和水生植物

雌、雄丹顶鹤外形没有明显区别

成双出没或一家子活动

双腿修长, 时常在浅滩觅食

它的骨骼是松质骨, 轻但坚固, 强度是人类骨骼的7倍

丹顶鹤:
如果感到快乐你就来跳舞

丹顶鹤
分类: 鹤形目, 鹤科
食性: 杂食性
大小: 体长 1.2 ～ 1.6 米
分布: 中国东北部

除了求偶时跳舞, 感到快乐时, 我们也会跳舞。

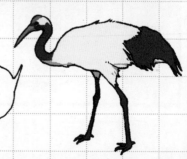

丹顶鹤的舞蹈是由几十个甚至几百个动作连续变换组成的。

舞姿包括屈膝弯腰、展翅跳跃，有时丹顶鹤还会叼起小石子或小树枝抛向空中。

它们爱鸣叫，在飞翔、捕食、休憩时都会鸣叫，几乎随时能听到它们的叫声。

太吵了。

休息的姿态常常是单腿站立，头转向后方。

它能进行快速且持久的飞行，速度可达每小时40千米。飞行高度超过5400米。

成年丹顶鹤每年要换羽两次。

换羽期间它暂时不能飞。

东亚地区喜欢用丹顶鹤象征幸福、吉祥、长寿和忠贞，在东亚文学和美术作品中常常能见到丹顶鹤。早在我国殷商时期的墓葬品中就出现了鹤的形象。

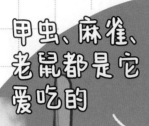

咕呜～

甲虫、麻雀、老鼠都是它爱吃的

唯一生活在地穴中的猫头鹰

身材纤瘦，双腿修长

雄穴小鸮羽毛颜色比雌穴小鸮的暗淡

能自己打洞筑巢，也会住其他动物遗弃的洞穴

喜欢把多种味道浓烈的粪便布置在巢穴外围

穴小鸮:
喜欢捡粪便的天才捕食者

穴小鸮
分类: 鸮形目，鸱鸮科
食性: 杂食性
大小: 体长 19 ～ 25 厘米
分布: 美洲地区

我每天赶早外出捡新鲜粪便带回家，不过我不是猫头鹰中的屎壳郎，这些粪便是我的捕猎工具!

穴小鸮是一种生活在地穴里的小型猫头鹰。对比其他猫头鹰，它的飞行能力和捕猎能力没那么出色。

但是它有自己的捕猎妙招！

穴小鸮会收集新鲜粪便以及一些食物垃圾布置在自己的洞穴周围。

喜欢粪便的屎壳郎和其他甲虫会被气味吸引而来，聚集在洞穴前。

这不就是吃的自己送上门来了吗！

捕猎小天才

同时它也吃果实和种子，特别是仙人球或仙人掌的果实。

杂食性

它在休息的时候喜欢单脚站立，另一只脚藏在腹部的羽毛里。

穴小鸮通常喜欢在黄昏和黎明时出来活动，但哺育雏鸟时，它们一天24小时都会出来找食物。

耳孔周围有尖耳状的簇羽，十分醒目

嗒嗒！

通常贴着地面飞行，缓慢且无声无息

在树洞或岩石缝隙中筑巢

主要吃鼠类，也吃兔子、狐狸等

双爪强壮、锐利，体表覆盖羽毛

尾巴短，12枚尾羽

雕鸮：
世界上最大的猫头鹰

雕鸮
分类：鸮形目，鸱鸮科
食性：肉食性
大小：体长56～76厘米
分布：亚欧大陆与非洲

我可是被誉为"捕鼠专家"的猛禽，连狐狸、豪猪等中型哺乳动物都是我唾手可得的晚餐。

雕鸮的橙黄色眼睛又大又圆，头顶两侧有两个像角一样突出的耳羽。

这两个特点让它拥有十分敏锐的视觉和听觉。

雕鸮在白天视力反而不好，夜晚才是它的舞台。

雕鸮是体形最大、最强壮、最凶猛的猫头鹰，在"猛禽排行榜"上排第九名。

暗夜幽灵

暗夜之王

捕鼠专家

据统计，一只雕鸮每年可吃掉 4000 只以上的老鼠。

雕鸮的蛋是白色的。雏鸟一身蓬松的棕色羽毛，毛茸茸、圆滚滚的。

咻　　咻

世界上最小的猫头鹰是姬鸮。

它的体长约 13 厘米，只有麻雀一般大。

雕鸮通常会产 4 枚蛋，不过并非同时产下，它们是一边生蛋一边孵化。由于雏鸟破壳时间不一，所以兄弟姐妹之间大小强弱有区别。在食物不足的情况下，雌雕鸮会任由强壮的雏鸟杀死弱小的手足，将其当作食物。

雀形目体形
最大的鸟

傻瓜。

独居，但经常
群体行动

行为比较复杂，
拥有较高的智力
水平

杂食动物，
会捡人类的
剩饭剩菜吃

人工饲养的
渡鸦寿命可
达40年

渡鸦是乌鸦
的近亲

渡鸦:
世界上最聪明的鸟

渡鸦

分类: 雀形目，鸦科
食性: 杂食性
大小: 体长 56～69 厘米
分布: 北半球

我的大脑在鸟类中是
最大的，从《乌鸦喝水》
的故事你就能体会到
我有多聪明了吧？

鸦科聚集了智商最高的鸟类，而渡鸦更是其中的佼佼者。

相较其他鸟类，渡鸦有更大的脑容量以及更强的学习能力。

它的"词汇量"很丰富，可以模仿环境声、其他动物的叫声以及人类的说话声。

汪汪汪！

啾啾砰！

呱呱呱！

你好！

喵呜。

3号铁钩棒

它还能制造和使用工具，还懂得分类保管，以便下次使用。

它喜欢捡和收藏光滑的小圆石、闪闪发光的金属物件，求偶时能吸引异性的注意。

闪闪发光

野生渡鸦与人工饲养的渡鸦，寿命不同。

15岁 vs. 40岁

圈养状态下的渡鸦寿命可达 40 年，而野生渡鸦普遍的寿命为 10~15 年。

渡鸦会观察其他渡鸦储藏食物的地点，找准机会偷取。这类盗窃行径在渡鸦中十分常见，所以它们找到食物后会飞去更远的地方藏起来。有时候它们会做假动作迷惑追踪者，保护真正的储藏地点。

体形最小的素食蝙蝠,
目前发现最大的只有
5 厘米长

喜欢群居

主要栖息
在林地

吱

身上的毛发是
白色的, 翅膀
是灰色的

耳朵、嘴鼻和爪
子是明亮的黄色

不吸血, 只吃素,
最喜欢吃无花果

洪都拉斯白蝙蝠:
它是吃素的

洪都拉斯白蝙蝠
分类: 翼手目, 叶口蝠科
食性: 草食性
大小: 体长 3.5 ~ 5 厘米
分布: 中美洲

全世界的蝙蝠超过一千
种, 只有我是能够用"可爱"
来形容的!

它们不居住在洞穴中，而是藏在宽大蕉叶的折缝间。

它们不吸血，不吃肉，而是吸食花蜜、植物汁液等，妥妥的素食主义者。

它们的耳、鼻、嘴唇和爪所呈现的黄橘色，是胡萝卜素沉积而成的。

虽然体形较小，飞行本领却很厉害。

听觉敏锐，一发现周围有不寻常的动静就会立马换地方。

还有一种只吃素的蝙蝠是狐蝠，是世界上最大的蝙蝠，双翼展开可达一米长。

可爱

可怕

虽然狐蝠是素食蝙蝠，但因为它们身上携带多种传染病毒，所以遭到人类的猎杀，如今濒临灭绝。

洪都拉斯白蝙蝠跟其他蝙蝠一样昼伏夜出。由于体形小，蛇和其他肉食动物都是它的天敌，所以选择栖息地时隐秘性是首要考虑条件。它们生活的中美洲地区水果丰富，食物来源充足。

生活在距今 1.2 亿年的白垩纪早期

出没在森林中

体长约 9 厘米 双翼展开也才 25 厘米长

没有牙齿

呜呀

悄无声息地在树木间飞行，捕捉昆虫

眼睛大，嘴巴尖

森林翼龙: 体形娇小的翼龙

森林翼龙

分类: 翼龙目，翼手龙科

食性: 肉食性

大小: 展翼约 25 厘米

年代: 白垩纪早期

虽然我娇小，可我不是吃素的。但我也不过是吃一些小型昆虫比如蚊子啦。

森林翼龙由于体形受限,注定了它无法成为
食物链顶端的猎食者,但它也是食肉动物。

它既要努力捕食森林中的小型昆虫,
又要躲开大型动物的捕捉。

已发现体形
最小的翼龙

但它是以后大型鸟掌翼龙类的祖先,
是一些主要翼龙类的起源。

风神翼龙

最大的飞行动物

翼展超过11米

翼龙起源

森林翼龙几乎跟恐龙同时出现,也几乎跟恐龙
同时灭绝,但它不是恐龙。它属于爬行动物向
空中发展的一个分支,是一种会飞的脊椎动物。

在林中滑翔

被人们称为"现代翼龙"的是这种
会飞的爬行动物——飞蜥。

从白垩纪早期的娇小体形"逆袭"进化到白垩纪晚期的空中巨无霸,森林翼龙的
制胜法宝恰恰是它的身材。因为个子小容易隐蔽于树丛中,躲过了大型食肉动物的捕
杀,活了下来,也拥有了进化的机会。

前、后肢长有扇形飞羽，看起来像有两对翅膀

树栖恐龙

尾巴有修长尾羽

后肢比较长，比身体长一倍

顾氏小盗龙：首批会飞的恐龙

顾氏小盗龙

分类： 蜥臀目，驰龙科
食性： 肉食性
大小： 体长约 77 厘米
年代： 白垩纪早期

翼龙是会飞的爬行动物，不是恐龙。而我是目前发现的第一批会飞的恐龙！

顾氏小盗龙又叫四翼恐龙，它是"鸟类起源于恐龙"说法的主要证据，它的两对翅膀也许能帮助科学家解开鸟类飞行的起源之谜。

对于鸟类飞行的起源，学术界一直有"树栖假说"和"地栖假说"两种看法。

"树栖假说"认为鸟类的祖先栖息在树上，借助长羽，从树上"滑翔"下来，逐渐进化出主动飞行的能力。

"地栖假说"认为鸟类的祖先生活在地上，平时高速奔跑、跳跃的行为累积最终演化出飞行的本领。

顾氏小盗龙化石则是"树栖假说"的有力证据。

从发现顾氏小盗龙化石到现在，科学家陆续发现了许多长有羽毛的小型恐龙的化石。

这证明鸟类确实起源于恐龙，而且鸟类的许多特征是从祖先恐龙身上继承来的。

啾呜啾！

顾氏小盗龙化石最初是在我国辽宁省朝阳市太平房镇发现的。中国科学家在2003年1月出版的《自然》杂志上发表文章将所发现的四翼恐龙化石命名为顾氏小盗龙，其中"顾氏"是纪念为热河生物群作出重大贡献的中国古生物学家顾知微院士。

特别笔记 13

鸟类就是现代恐龙

侏罗纪晚期和白垩纪小型有羽毛的兽脚亚目恐龙也许是现代鸟类的祖先。根据它们的共同特征和进化关系，科学家断定鸟类就是从恐龙进化而来的。

对比兽脚亚目恐龙和鸟类的骨骼，显示它们的进化关系是经过了数百万年平稳过渡的。

孵蛋、吞下砂石来帮助消化食物等行为也是恐龙和鸟类的共同特征。

简单来说，所有的鸟类都是恐龙，而恐龙并非都是鸟类。

恐龙并非同时灭绝

6500 万年前陨石撞击地球导致所有恐龙一起毁灭——这个说法其实并不准确，所有恐龙不是同时灭绝的。

　　陨石撞击地球产生的猛烈冲击的确让许多恐龙同时死亡，但依然有小部分存活下来。导致恐龙灭绝的重要原因是陨石撞击造成大量尘埃遮挡阳光，导致地球气温骤降、植被无法光合作用纷纷枯萎，严重破坏了食物链。恐龙的灭绝过程持续了数百年甚至数千年。

严格来说灭绝的是非鸟类的恐龙，恐龙没有完全灭绝，一些恐龙演化成现代鸟类。所以可以说一部分恐龙存活至今。

各个纪元的"最强生物"

在5亿年前的寒武纪，地球出现过一次生命大爆发，诞生了物种。在不同地质纪元，诞生不同的"霸主"。一起来看看地球上存在过哪些"霸主"。

在寒武纪，名为奇虾的物种称霸天下。它们拥有锋利无比的爪子，体形可达2米。

奥陶纪迎来了新的霸主——房角石。它体长有9米，奇虾在它面前只能沦为食物。

奥陶纪末期，生态链大洗牌，适应了环境并成功进化的鲎（hòu）从房角石的猎物成为捕食房角石的猎手，它是志留纪的霸主。

泥盆纪，邓氏鱼为抵抗鲎而进化出强大的咬合力和坚硬的甲壳，以压倒性的力量彻底统治泥盆纪。

二叠纪，地球大气层高度富氧化，这个变化使得陆地上一种四肢粗壮、与鳄鱼十分相似的引螈走上了地球霸主的王座。

哇！

三叠纪时期，恐龙崛起。再到侏罗纪和白垩纪，恐龙愈发强大，其霸主地位非常稳定，直到陨石撞击地球。

在白垩纪末期，包括恐龙在内的物种都遭到了大灭绝。新生代来临，哺乳动物开始占据陆地，人类的祖先诞生了。

在人类之后，会是什么动物成为霸主呢？有生物学家表示，如果人类消失了，蚂蚁或将成为下一任地球霸主。

探险小剧场09

三种颜色

鲣鸟科脚丫的颜色让人印象深刻，例如红色脚丫的红脚鲣鸟。

知名度最高的是拥有蓝色大脚丫的蓝脚鲣鸟！

其实还有一种黄色大脚丫的鲣鸟，它叫——褐鲣鸟！

我的『探险笔记』终于完成了！感谢大家一路跟随我见证旅途上的奇遇。

难得看到三种脚丫不同颜色的鲣鸟聚在一起！太感动了！

探险小剧场10

备用食材

为什么你身边有两只哺乳动物？

你明明是高贵的渡鸦一族。

它们是朋友，我们在一起旅行。

别胡说八道了！

狐和猫都是鸦科的天敌，它们是把你当作"备用食材"，你难道没察觉吗？

没有食物了，准备启用"备用食材"。

嘿嘿嘿

您误会了，我们是素食主义者。

我们只吃水果和蔬菜。

这趟探险旅程要结束了吗？虽然还没看够有点不舍得，但是发生了好多惊险的事情，能回家让我也松了一口气。